Kultur erwandern in Schwaben

Band 1

Wasser für die Alb

Quellen, Brunnen und Hülen

Volker Korte

Klemm+Oelschläger

Impressum

Bibliografische Information der Deutschen Nationalbibliothek.
Die Deutsche Nationalbibliothek verzeichnet diese Publikation in der Deutschen Nationalbibliografie; detaillierte bibliografische Daten sind im Internet über http://dnb.d-nb.de abrufbar.

1. Auflage, Ulm 2020

Layout: Hannelore Zimmermann, Neu-Ulm
Umschlaggestaltung: Hannelore Zimmermann, Neu-Ulm
Herstellung: digitaldruck leibi.de, Neu-Ulm

ISBN 978-3-86281-156-4

Inhaltsverzeichnis

Vorwort

2021 feiert eine wichtige Infrastrukturmaßnahme zur Verbesserung der Lebensqualität auf der Schwäbischen Alb ihren 150-jährigen Geburtstag: Die Albwasserversorgung.

Das lange Werden und die folgende rasche Umsetzung dieser Albwasserversorgung ist auch heute noch ein interessantes Kapitel der Technik- und Kulturgeschichte in Baden-Württemberg. Besonders interessant dabei ist, dass viele Erinnerungen daran mit schönen Wanderungen verknüpft werden können.

Und diese Wanderungen sind nicht nur mit dem eigenen Pkw erreichbar, sondern können auch umweltfreundlich mit dem öffentlichen Nahverkehr erschlossen werden. Die Ortsgruppe Ulm/Neu-Ulm des Schwäbischen Albvereins praktiziert hier mit der Donau-Iller-Nahverkehrsverbund-GmbH (DING) seit mehr als 10 Jahren eine erfolgreiche Zusammenarbeit. Von den 15 hier vorgestellten Wanderungen liegen

- neun im Bereich der Donau-Iller-Nahverkehrsverbund-GmbH (DING),
- je zwei im Bereich der Filsland Mobilitätsverbund GmbH sowie der naldo Verkehrsverbund Neckar-Alb-Donau GmbH und
- je eine im Bereich der OVA-Omnibus-Verkehr Aalen Dipl. Ing. Rau GmbH + Co KG sowie des Verkehrsverbundes TUTticket.

Es wäre schön, wenn Sie diese Möglichkeiten zum Umweltschutz nutzen würden! Der Schwäbische Albverein wird in einigen Ortsgruppen in den kommenden Jahren mehrere Veranstaltungen zu diesem Thema anbieten.

Und nun wünschen wir Ihnen viel Spaß beim Lesen, Erkunden und Wandern.

Volker Korte

Wandern am Wasser – mal anders!

Wandern entlang der Albwasserversorgung – Das hört sich vielleicht zuerst etwas ungewöhnlich an, entpuppt sich bei genauerem Hinsehen allerdings als aparte Idee. Volker Korte von der Albverein-Ortsgruppe Ulm/Neu Ulm nimmt uns in diesem besonderen Wanderführer mit auf historisch interessante und landschaftlich reizvolle Touren auf der Schwäbischen Alb.

Anlass ist der 150-jährige Geburtstag der Albwasserversorgung im Jahr 2021. Korte zeichnet im ersten Teil seines Bandes die Geschichte dieser wichtigen Infrastrukturmaßnahme nach, welche die Lebensumstände der Menschen auf der Schwäbischen Alb sehr verbessert hat. Er nimmt uns mit in die armen Dörfer der Albhochfläche, stellt uns die planenden Köpfe vor und erklärt technische Details der Albwasserversorgung.

Im zweiten Teil finden sich die Beschreibungen von 15 attraktive Wandertouren zwischen Aalen und Tuttlingen. Die Wanderungen führen zu ehemaligen Hochbehälter, Wassertürmen und Pumpwerken, entlang von Bach- und Flussläufen, zu Quellen und den auf der Alb so typischen Höhlen. Von kürzeren Spaziergängen über längere, sportliche Runden ist für alle Wanderer etwas dabei. Zu jeder Tour gibt es einen Kartenausschnitt, GPX-Daten und ein Höhenprofil. Alle Wanderungen lassen sich bequem mit dem Öffentlichen Nahverkehr erreichen.

Als Schwäbischer Albverein legen wir Ihnen diesen Wanderführer mit seinen spannenden Touren ans Herz und wünschen Ihnen im Jubiläumsjahr der Albwasserversorgung wunderschöne Wandererlebnisse auf historischen Spuren.

Dr. Hans-Ulrich Rauchfuß
Präsident des Schwäbischen Albvereins

1 Vorgeschichte

Das Prinzip aller Dinge ist Wasser; aus Wasser ist alles, und ins Wasser kehrt alles zurück. Dieses Zitat, Thales von Milet (um 600 vor Christus) zugeschrieben, verdeutlicht die Wichtigkeit dieses Elements für das Leben auf der Erde.

Heute sind wir gewohnt, Wasser in ausreichender Menge und bester Qualität mit einer leichten Drehung der Hand fließen zu lassen. Und falls das mal nicht funktioniert, gibt es Notfallnummern, bei denen man telefonisch sein Leid klagen kann (wenn denn das Telefon in der Situation funktioniert). Noch vor rund 150 Jahren war dies für viele Bewohner der Schwäbischen Alb nicht einmal eine Vision. Denn über viele Jahrhunderte war die Versorgung der Bevölkerung auf deren Hochfläche mit gutem Trinkwasser ein Problem. Die Niederschlagsmenge ist im Vergleich zum Schwarzwald niedriger. Im verkarsteten und damit löchrigen Boden können die Niederschläge auch schnell versinken. Später kommen sie wieder in Quellen zum Vorschein, von wo aus sie in Bächen und kleinen Flüssen Richtung Neckar oder Donau abfließen.

Schon früh suchte man nach Möglichkeiten, die Situation auf der Albhochfläche zu verbessern. Ein erster Versuch erfolgte Anfang des 17. Jahrhunderts beim Schloss Hellenheim bei Heidenheim; die dortige Wasserkunst wurde jedoch im 30-jährigen Krieg zerstört.

Ein nächster Vorstoß wurde ca. 100 Jahre später in St. Johann bei Urach unternommen. Hier wurde der dortige Fohlenhof des Württembergischen Herzogs Eberhard Ludwig aus dem Gütersteiner Wasserfall versorgt; die herzoglichen Pferdchen waren offensichtlich wichtiger als die in der Umgebung lebenden Menschen. Entworfen von dem Ulmer Glockenbauer Theodosius Ernst förderte ein Wasserrad mit drei Kolbenpumpen das Wasser über eine 2,7 km lange Bleileitung und eine Höhendifferenz von

Gütersteiner Wasserfall ▲

▼ Der Fohlenhof (St. Johann)

160 m zum Fohlenhof hinauf. Täglich wurden wohl bis 20 m^3 Wasser auf die Albhochfläche gepumpt. Nach anfänglichen Schwierigkeiten funktionierte die Anlage einige Jahre störungsfrei. Und wie berichtet wird: Auch mit der herzoglichen Zahlungsmoral zur Begleichung der entstandenen Kosten war es wohl nicht zum Besten bestellt. Nach dem Auftreten von ersten Problemen hatte es Theodosius Ernst mit einer Reparatur nicht besonders eilig, da ihm der Herzog noch 900 Gulden schuldete. Man wurde sich wohl nochmal einig, und die Anlage funktionierte danach vier Jahre störungsfrei. 1719 wurde sie mutwillig beschädigt. Sie wurde außer Betrieb genommen und fiel anschließend in Vergessenheit.

2 Wie war früher die Wasserversorgung auf der Albhochfläche?

Eine sehr ausführliche und differenzierte Beschreibung liefert Jeremias Höslin [1, 2]. Dieser arbeitete im 18. Jahrhundert mehrere Jahre als Pfarrer auf der Albhochfläche in Suppingen und darf so als wirklicher Kenner der damaligen Zustände gelten. Er berichtet:

Flüsse und Quellen dürfen auf der forderen Alp allerdings Seltenheiten genannt werden. Man wartet von Zeit zu Zeit auf einen gnädigen Regen, und wenn dieser zu lange ausbleibt, so ist um das Wasser, und öfters auch um die Hoffnung des Feldsegens geschehen. Zum kochen und trinken bedient man sich des Regenwassers, das von den Dächern vermittelst hölzener, oder zuweilen, sonderlich an Pfarrhäusern blecherner Rinnen in die Zisterne, oder den Bronnen geleitet wird.

Was von Ziegeldächern abfließt, ist gemeiniglich so klar und frisch als Quellenwasser, und wird der, der es nicht weiß, keinen Unterschied merken. Was aber von Strohdächern ablauft, hat meistens einen etwas fauligen Geschmak, und eine strohgelbe Frage. Wenn es aber gekocht wird verliert es Geschmak und Farbe. Sonst ist das Regenwasser bei einem beständigen Genusse, leichter und gesünder als Quellenwasser, das gemeiniglich mehr oder weniger von einem mineralischen Gehalt hat, oder kälter ist, welches diejenige erfahren, die nothgedrungen Wasser trinken müssen…

Wenn bei einem anhaltenden Regen das Wasser in den Bronnen trüb wird, so ist weiter nichts nöthig, als daß man etliche Scheiter von Birkenholz hinein wirft, weil dieses Holz das Wasser in einer Zeit von 24 Stunden reinigt und alles niederschlägt, was von den irdischen Theilchen hineingekommen. Damit aber auch der Bronnen desto reiner, und das Wasser desto gesünder bleibe; so wird zu Zeiten ein kleines Laibchen Brod, das eben aus dem Bakofen genommen worden, und ein Vierling Salz hineingeworfen; dadurch wird es so klar erhalten, daß man beständig auf den Grund sehen kann, wenn anderst der Bronnen nicht genug ist.

Wird diese Fürsicht nicht gebraucht, so kann es auch geschehen, daß der Bronnen durch sehr kleine rothe Würmchen verunreiniget wird, die hernach nimmer leicht vertrieben und ausgerottet werden können. Ja man kann manchmalen ein Gefäß mit solchem Wasser anfüllen, das wie lauteres Blut aussiehet. Ob man gleich in solchen Gegenden viele hundert Gulden um ein durch oder vorbei fließendes Bächlein geben würde; so ist es doch nicht leicht möglich eine Gemeinde dahin zu bereden, daß sie fließendes oder Quellenwasser aufsuchen ließe, ob sie schon untrügliche Anzeigen z.B. öfters erscheinende Nebel in teichigen Gründen, Sümpfe und Binsen in nahegelegenen Wäldern u.d.gl. vor Augen sehen. Die Bauern sind nicht gewohnt, einen Kreuzer zu wagen, wenn sie den gewiesen Vortheil nicht schon voraus im Beutel haben, - oder von keiner höhern Gewalt gezwungen werden. Vorurtheile und Trägheit sind meistens der nächste Grund von einem Verfahren, welches bei vernünftigen Menschen, dergleichen doch auch unter ihnen angetroffen werden, billig verabscheut werden sollte.

Doch ist es auch nicht zu läugnen, daß schon manche Gegenden durch sogenannte Bronnenschmeker häßlich hinter das Licht geführt wurden, die, wenn sie Aufwand genug gemacht hatten, endlich bei Nacht und Nebel entwischten, und der Gemeinde es überließen, tiefe Gruben, die sie gegraben, wieder auszufüllen, (z.B. Mehrstetten, Bernloch, Kohlstetten, Münsingen, allwo ein Bronnenschmeker vorgab, er wolle so viel Wasser entdeken, daß eine Mühle gebaut werden könne, aber siehe es war alles eitel).

Was von Städtern und Reisenden aus jener Zeit über die Wasserqualität auf der Albhochfläche überliefert wird, ist für diese gar wenig schmeichelhaft. Wobei die Frage erlaubt sei, inwieweit Städter und Reisende wirklich einen fundierten Einblick hatten. Der Stuttgarter Professor Oscar Fraas schrieb 1773:
Wehe dem Fremden, den in einem der primitiven Albdörfer, wo die Strohdächer überwiegen und man rein auf Regenwasser angewiesen ist, ein Bedürfnis anwandelt nach einem Glase Wasser. (…)

Strohgelb bis Kaffeebraun hat sich das Wasser gefärbt, das von den Strohdächern niederrinnt, nur wer von Jugend auf an den Anblick dieses Wassers sich gewöhnt hat, vermag ohne Abscheu das Glas an die Lippen zu setzen.

Ein Zitat von Friedrich August Köhler aus seiner ‚Alb-Reise im Jahr 1790' [1] schürte auch keine hohen Erwartungen:
Und wenn auch den übrigen Dörfern der Alb ihre Wasserbehältnisse nicht ganz vertroknen, so wird doch das Wasser darinn, besonders in denen weniger verwahrten Hülen für das Vieh, so durch die Sonnenhitze verdorben, und mit einer Haut aus Insecten und aus der Fäulniß entstehenden Pflanzen überzogen, einem Thalbewohner dafür wie vor Sümpfen ekeln muß.

Und der frühere Heimatdichter Hans Reyhing erzählte in seiner Geschichte ‚Der Albbauer': *Das Hülenwasser bot nie einen einladenden Anblick. In den breiten Kandeln lief es aus den Dorfstraßen zusammen, und da und dort gab noch ein Güllenloch seinen gehaltvollen Überfluß drein. In der Hüle tummelten sich dann in fröhlicher Eintracht Gänse und Enten zwischen den schwimmenden Inseln schleimiger Algen, die dieses Jahr noch üppiger wuchsen.*

Ein Schultheiß der Albhochfläche soll im Gespräch mit seinem Oberamtmann die Geschichte auf den Punkt gebracht haben: *Für o's wär's scho no reacht, aber's Vieh will's halt nemme saufa.*

Ja, ja, die gute alte Zeit.
Eine Empfehlung für eine Zuwanderung auf die dünn besiedelte Albhochfläche und den Tourismus (den es im 19. Jahrhundert durchaus schon gab) war das sicherlich nicht.

Die Wasserversorgung der Albgemeinden war zu früherer Zeit eine Mischung verschiedener Elemente. Dort, wo es der Untergrund zuließ (z.B. in Seißen, einem Ortsteil von Blaubeuren), wurde das Wasser über Brunnen gewonnen. Auch Dachbrunnen kamen zum Einsatz und erzeugten sogenanntes ‚Spatzenschisswasser'. Viele andere Orte versorgten sich für ihr Trink- und Brauchwasser über Hülen, die zum Teil auch noch heute erhalten sind. Diese wurden auf wasserdichtem Untergrund wie Basalt (vulkanischer Ursprung im Bereich des ‚Schwäbischen Vulkans' wie z.B. in Zainingen) oder teilweise künstlich auf Lehm (wie z.B. in Bühlenhausen) angelegt. Daneben gab es auch (meist) natürliche Feldhülen, die mit zur Wasserversorgung herangezogen werden konnten.

Heute dienen die noch vorhandenen und teilweise auch neu angelegten Hülen wie in Berghülen eher der Ortsverschönerung und gelegentlich noch der Feuerwehr.

▼ Rathausbrunnen in Seißen (mit Jahreszahl 1609)

Hüle in Bühlenhausen ▲

▼ Feldhüle bei Justingen

So hatte Seißen, das im Vergleich zu vielen anderen Albgemeinden gut mit Wasser versorgt war, im 19. Jahrhundert sieben Hülen, 16 Gemeindebrunnen sowie zahlreiche private Brunnen. Grund für diese üppige Ausstattung mit Wasser war der Untergrund, der hier nicht aus porösem Kalk, sondern aus Süßwassermolasse besteht.

Problematisch war die Wasserversorgung über die Hülen in heißen, regenarmen Zeiten wie im Hochsommer oder in den winterlichen Frostperioden. Nicht vergessen: Das Wasser der Hülen diente ja auch der Feuerwehr, und ohne ausreichendes oder zugefrorenes Löschwasser stieg die Gefahr von katastrophalen Bränden.

Dort, wo man nahe an einem Wasserlauf im Tal gelegen war, übernahmen ‚Rossbauern' - reiche Bauern mit Pferdefuhrwerken - mit ihren Fuhrwerken einen Teil der Wasserversorgung. So fuhr man zum Wasser holen z.B. von Justingen hinunter nach Hütten an die Schmiech oder von den benachbarten Albgemeinden nach Blaubeuren. Es wird berichtet, dass noch 1871/72 täglich Hunderte von Fuhrwerken in Blaubeuren für diese Gemeinden Wasser geholt haben; im Januar 1872 wurde der tiefste bekannte Wasserstand am Blautopf gemessen.

Für Mensch, Zugtiere und Fuhrwerk war dies vor allem im Winter bei Schnee und Eis auf steilen Steigen kein ungefährliches Unterfangen. Die Rossbauern ließen sich daher ihren Dienst für die Wasserversorgung auch gut bezahlen.

3 Die Albwasserversorgung: Aller Anfang ist schwer

Ab Ende des 18. Jahrhunderts verbesserten sich dann die technischen Möglichkeiten für ein Wiederaufgreifen einer Albwasserversorgung deutlich. Dazu gehörten neue Kraft- und Arbeitsmaschinen wie die Dampfmaschine, später folgten der allmähliche Aufbau einer Stromversorgung und Verbesserung bei den Fertigungstechnologien z.B. für Pumpen, Turbinen oder Rohrleitungen.

Zunächst hatten aber in der ersten Hälfte des 19. Jahrhunderts die ‚Bronnenschmeker' noch einmal ihre große Stunde. Um 1830 empfahl das Oberamt Blaubeuren seinen Gemeinden auf der Albhochfläche sich zum Bau ‚artesischer Bronnen' zusammen zu schließen. Da nicht genügend Gemeinden mitmachten, bekam das Oberamt aber wegen der Kosten kalte Füße und trieb die Angelegenheit nicht weiter voran. Gebohrt wurde trotzdem, jedoch mit überschaubarem Erfolg.

Aus Bermaringen ist bekannt, wie dort ein Versuch im Jahr 1834 ablief. Der Kreisbaurat empfahl eine Stelle für die Bohrung auf der Grundlage seiner Meinung, dass man in ca. 30 m Tiefe auf Wasser stoßen würde. So begann man mit der Arbeit, aber nach 5 Monaten hatte man immer noch kein Wasser gefunden. Dann brach der Bohrer ab, und ein Geologe kam zur Begutachtung. Daraufhin wurde an dieser Stelle die Bohrerei eingestellt und das Gerät geborgen.

Da die Hoffnung aber bekanntlich zuletzt stirbt, wurde an anderen Stellen weiter gemacht. Von acht Bohrungen brachten nur zwei leidlichen Erfolg; das gewonnene Wasser reichte jedoch nicht zu einer wirklichen Versorgung aus. 1844 gab man schließlich auf; man griff die Idee aber in den folgenden Jahrzehnten immer wieder mal auf.

Ab Mitte des 19. Jahrhunderts kam dann Carl Ehmann auf den Plan. 1827 in Stuttgart-Berg geboren, studierte er am Polytechnikum in Stuttgart Ingenieurwissenschaften, arbeitete während des Studiums bei bekannten Firmen wie Keßler (Karlsruhe) und Maffei (München) und ging dann 10 Jahre nach England und die USA. 1857 kehrte er nach Stuttgart zurück und wurde ‚Civilingenieur' sowie Berater für den Wasserversorgungsbau.

Carl Ehmann

1866 legte er dem württembergischen Innenministerium einen ‚Plan über die Thunlichkeit einer künstlichen Wasserversorgung der Alborte des Königreiches' vor, der auch vom Ministerium befürwortet wurde. Dieser sah zunächst acht Pumpwerke in den Tälern für 60 Gemeinden auf der Albhochfläche sowie eine Teilung der Kosten durch Königreich und Gemeinden vor. Es hätte losgehen können: Wenn, ja wenn die betroffenen Albgemeinden mitgemacht hätten. Hier war das Interesse zunächst gar nicht so groß, was möglicherweise an den technischen Risiken, aber auch an den unabwägbaren Kosten gelegen haben könnte.

Aber Carl Ehmann gab nicht auf.
Und so feiert ein wichtiges Vorhaben zur Verbesserung der Lebensbedingungen auf der Schwäbischen Alb 2021 seinen 150sten Geburtstag.

Und er fand in Justingen, Ingstetten, Hausen, Ennabeuren, Feldstetten und Sontheim (Gruppe VIII der ursprünglichen Planung) offene Ohren. Die letzteren drei Gemeinden sprangen dann zwar ab, aber Justingen, Ingstetten und Hausen blieben standhaft. Zu verdanken war dies vor allem Anton Fischer, dem damaligen Bürgermeister von Justingen und ‚Rossarzt'.

In den betroffenen Gemeinden setzten daraufhin heftige Auseinandersetzungen ein. Auf der einen Seite waren die Befürworter (die ‚Nassen'), die mit der Idee der neuen Wasserversorgung sympathisierten. Auf der anderen Seite waren die Gegner (die ‚Trockenen'), die alles beim Alten lassen wollten wie z.B. die Rossbauern. Und dazwischen waren die ‚Lauen', die sich nicht recht entscheiden konnten. Fischer sah sich - vor allem aus Justingen - vielen Angriffen ausgesetzt, darunter auch einige Verleumdungen, die er aber alle widerlegen konnte. ‚Zentrum' der ‚Trockenen war dabei das damalige Gasthaus Adler. In dem Buch ‚Der Schultheiß von Justingen' von Josef Weinberg wurden Anton Fischer, seinem Kampf, seinen Mitstreitern und seinen Gegnern ein literarisches Denkmal gesetzt [5]. Das Buch schildert Kampf und Sieg von Anton Fischer sowie die Intrigen seiner Gegner. Und auch eine Liebesgeschichte kommt nicht zu kurz. Der reiche Bärenwirt (der Adler wurde so zum Bären gemacht) ist der Anführer der ‚Trockenen'. Seine Tochter hat ein Auge auf den Sohn eines der (armen) ‚Nassen' geworfen, was dem Bärenvater jedoch gar nicht gefällt. Nur so viel sei verraten: Fast alles wird gut. Am Ende kriegen sie sich, nur für den Bärenwirt geht das Ganze nicht gut aus.

Anton Fischer setzte sich durch, und auch Ingstetten sowie Hausen ob Urspring blieben bei der Stange. Und so wurde am 20. November 1869 die Gruppe VIII der Albwasserversorgung gegründet; Baubeginn war dann am 11. Mai 1870. Innerhalb eines knappen Jahres wurde dann diese erste Versorgungsgruppe Realität. Und dies trotz des deutsch-französischen Krieges, der 1870/71 ausgetragen wurde und dem Königreich Württemberg personell und finanziell viel abverlangte. Das Pumpwerk der Versorgungsgruppe (es war wie gesagt die Gruppe VIII, die hier zur ‚Mutter aller Versorgungsgruppen' wurde) war an der Schmiech in Teuringshofen. Anders als bei den späteren Gruppen lieferte die Schmiech sowohl das Wasser für den Antrieb der Pumpen als auch das eigentliche Trinkwasser. Vom Pumpwerk führte die Leitung über eine Höhendifferenz von ca. 165 m zum Hochbehälter auf dem Sandburren bei Justingen. Das Pumpwerk befindet sich heute im technischen Zustand der Zwanziger Jahre des 20. Jahrhunderts und ist ein Denkmal. Es wurde früher von dem ehemaligen Wassermeister Dieter Schrade und seiner Frau liebevoll gehegt, gepflegt und begeistert vorgeführt; heute wird dies vom Schwäbischen Albverein in Justingen-Ingstetten übernommen. Geöffnet ist es z.B. am Tag des ‹Offenen Denkmals' im September (oder nach Vereinbarung)

▼ Das frühere Gasthaus Adler in Justingen

Das Pumpwerk in Teuringshofen ▲

▼ Innenleben des Pumpwerks Teuringshofen

Der Hochbehälter ,Sandburren' ▲

Vom Hochbehälter Sandburren wurde das Wasser nach Justingen, Ingstetten und dem Hochbehälter ,Stauden' bei Hausen ob Urspring verteilt; von diesem wurde Hausen versorgt. Die Verteilung in den Ortschaften erfolgte durch Ventilbrunnen und Hydranten. Hausleitungen wurden erst später eingeführt.

Am 18. Februar 1871 war alles fertig und am 20. Februar, einem eisig kalten Montag, war es dann soweit: Alle Wasserbehälter waren gefüllt und die Inbetriebnahme der ersten Versorgungsgruppe konnte feierlich begangen werden. Der Pfarrer von Justingen wartete vor seiner Kirche; hinter ihm scharte sich ein großer Teil der Gemeinde und wärmte sich so gut es ging. Dahinter waren die Abgesandten von Ingstetten und Hausen. Schlecht dran bei der Kälte waren vor allem die Fahnenträger und die Musikkapelle. So startete der Prozessionszug mit Bürgern, Gästen und Honoratioren aus dem ganzen Königreich zum Pumpwerk in Teuringshofen, wo man sich traf. Karl Ehmann und ein Ministerialkollege kamen dorthin mit einer Kutsche das Schmiechtal hinauf. Ebenso der Oberamtmann von Münsingen, der allerdings etwas spät dran war. Als endlich alle da waren, legten die Bläser trotz der Kälte los.

Danach war der Pfarrer dran, der inmitten von Weihrauchschwaden neben Gott auch dem Baurat Ehmann, dem Schultheiß Fischer und dem Ministerium in Stuttgart dankte. Anschließend segnete er Maschinenhaus und Maschinen. Als dieses vollendet war, ging es mit einem Oberregierungsrat weiter, der auch Ehmann und Fischer würdigte, dann aber insbesondere die Verdienste des Königs hervorhob und diesen hochleben ließ. Letztlich sprach auch der Schultheiß Fischer einen kurzen Dankesgruß.

Dann ging es hinauf zum Sandburren. Dort ertönten einige Böller aus den drei Ortschaften, der Pfarrer setzte seine Segnung fort. Der Wasserhahn wurde geöffnet und zunächst etwas trübes, dann aber kristallklares Wasser entsprang der Leitung. Unter dem Staunen der Bevölkerung und interessierten Zuschauern von nah und fern floss das erste Wasser aus der Schmiech nach Justingen. Dann brach der allgemeine Jubel los und wieder waren Böllerschüsse zu hören.

Nach der Einweihung und einer folgenden ersten Übung der Freiwilligen Feuerwehr, die sich wohl auch sehr über das viele Wasser freute, ging es zum gemütlichen Teil über. Der Schultheiß Fischer reichte Karl Ehmann einen Pokal gefüllt mit Wein (Inhalt unbekannt). Ehmann stand wohl benommen auf, hielt eine kurze Ansprache und leerte den Pokal.

Ob Ehmann nach dem Genuss des Pokals noch benommener war als vorher, ist nicht überliefert. Aber offensichtlich war er ziemlich trinkfest. Und wenig später, im Sommer 1871, konnte die neue Wasserversorgung bei zwei Bränden in Justingen bereits ihre Tauglichkeit unter Beweis stellen.

Der erste Schritt zur Versorgung der Alb mit frischem Trinkwasser war getan; Anton Fischer und Carl Ehmann waren am Ziel. Damit war der Bann gebrochen und der Weg für die weiteren Versorgungsgruppen geebnet. Die Kosten der ersten Gruppe betrugen 84.000 württembergische Gulden; davon übernahm das Königreich 25%. Der Wasserpreis konnte durch die Wasserversorgung von 2,4 Kreuzer/Imi (ein Imi entspricht ca. 18 l) auf 0,1 Kreuzer/Imi deutlich gesenkt werden. Zur Einordnung: Ein Arbeiter in einer Stadt hatte damals einen Tageslohn von ca. 30 Kreuzern; ein Landarbeiter auf der Alb verdiente deutlich weniger.

Hauptargumente für die Einführung der Albwasserversorgung waren die Verbesserung der Gesundheit, die Verringerung der Kindersterblichkeit und die Verlängerung der Lebenserwartung. Ebenso die Förderung von Landwirtschaft und Gewerbe (und damit eine größere Attraktivität der Region) sowie die Verbesserung bei der Brandbekämpfung.

Aber war denn die Situation vorher wirklich so dramatisch schlecht für die Albbevölkerung? In seiner kritischen Schrift [6] analysiert Marc-Wilhelm Kohfink in einer Diplomarbeit an der Universität Konstanz die Situation auf der Schwäbischen Alb vor und nach Einführung der Albwasserversorgung. Er kommt zu dem Schluss, dass die Verbesserungen von Gesundheit bzw.

▼ Barocke Kirche St. Oswald in Justingen von 1679'

Lebenserwartung der Bevölkerung und die Effekte auf die Förderung der Attraktivität der Region nicht so groß waren, wie angenommen und behauptet wurde (soll bei der Durchsetzung großer Infrastrukturprojekte auch heute noch vorkommen).

Vielmehr gab es auch andere maßgebende Gründe zur Einführung der Wasserversorgung: Dies seien gesellschaftliche Erscheinungen wie die ‚bildungsbürgerliche Hygienebewegung' sowie die politische Erscheinung eines zunehmenden Staatsinterventionismus gewesen. Die Erstere wollte den Älblern die Reinlichkeit nahebringen und der Zweite wollte den staatlichen Einfluss auf die Infrastruktur im Land sichern.

Das Problem der Hygiene bei knappem Wasserangebot ist durchaus nachvollziehbar: Man wusch sich (wenn überhaupt) halt kurz und knapp. So mancher kam längere Zeit nicht mit Wasser in Berührung und an das Waschen von Wäsche war oft auch nicht zu denken. So soll einem Dorfgeistlichen auf der Schwäbischen Alb das Abhalten seines Hirtendienstes angesichts der Gerüche, die seine Gemeindeschafe verbreiteten, zunehmend gestunken haben. Wie und wonach er selbst roch, ist nicht überliefert.

Wie dem auch sei: Nach dem das Wasser erst einmal floss, wollte keiner mehr zur Vergangenheit zurück.

Eine wichtige Diskussion gibt es in jüngerer Zeit bei der Frage, ob eine Wasserversorgung staatlich sein soll oder privat sein kann. Der Chef eines großen europäischen Konzerns vertritt dabei die Ansicht, dass Wasser (bzw. dessen Verfügbarkeit) kein Menschenrecht ist, sondern ein Lebensmittel, dessen Preis den Gesetzen des Marktes folgt. Dies wurde von dem Konzern zwar als Missverständnis dementiert; die Praktiken des Konzerns in manchen Ländern lassen jedoch an diesem Dementi zweifeln.

In Deutschland ist die Wasserversorgung in Deutschland bis heute überwiegend noch in öffentlicher Hand. In Württemberg gründete 1912 gründete König Wilhelm II. von Wurttemberg die Staatliche Landeswasserversorgung. Sie wurde 53 Jahre lang als landeseigenes Unternehmen betrieben. 1965 wurde der im Gründungsgesetz erteilte Auftrag erfüllt; die Landeswasserversorgung wurde in einen selbstständigen kommunalen Zweckverband überführt. Seit dieser Zeit sind die Verbandsmitglieder der Landeswasserversorgung nicht nur Kunden, sondern auch Eigentümer des Wasserversorgungsunternehmens. Aus diesem Grund werden die Umlagen ohne Gewinnerzielung kalkuliert.

Die meisten Parteien in Deutschland lehnen eigentlich auch eine Privatisierung der Trinkwasserversorgung ab. Trotzdem haben einige Kommunen in Deutschland (z.B. Kiel, Berlin, Stuttgart) ihre Wasserversorgung verkauft, was auch eine Einnahmequelle für die oft klammen Finanzen der Kommunen war. Die Befürchtungen mancher Kritiker, dass ein privater Versorger vor allem auf Rendite und nicht auf die Qualität des Wassers achten würde, haben sich teilweise bestätigt. So sind in manchen Fällen Versorgungspreise gestiegen. Einige Kommunen (z.B. Stuttgart) möchten den vorherigen Verkauf wieder rückgängig machen. Stadt und Versorger streiten sich jedoch heftig um den Preis.

4 Und es geht doch: Die erste Aufbauphase

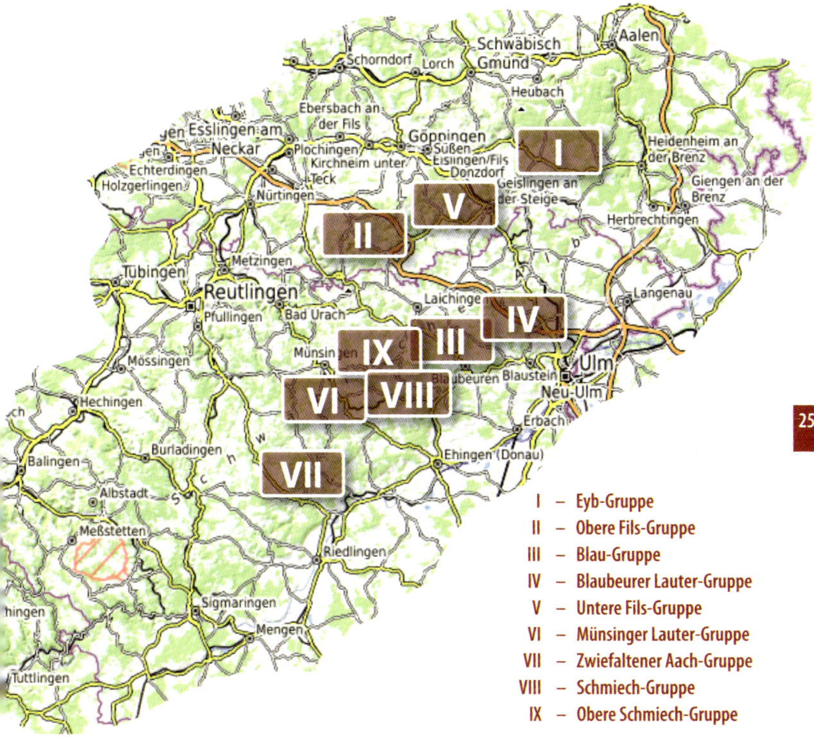

Die Versorgungsgruppen der ersten Ausbaustufe

In den folgenden zehn Jahren bis 1881 wurden nun die Versorgungsgruppen der ersten Ausbauphase vervollständigt. Im Folgenden ist die Entwicklung der Gruppen nach ihrer ursprünglichen Ordnungsnummer und nicht in ihrer zeitlichen Abfolge beschrieben.

– Eybgruppe

Die Eyb ist mit ca. 13 km Länge ein kleiner Fluss, der bei Böhmenkirch entspringt und bei Geislingen in die Fils mündet.

Die Eybgruppe oder Albgruppe I war in Wirklichkeit mit die Letzte der ersten Ausbauphase. Diese nördlichste Versorgungsgruppe der ersten Ausbaustufe entstand zwischen 1879 und 1881. Das Triebwasser lieferte die Eyb im Roggental. Zur Versorgung wurde oberhalb des Pumpwerks Quellwasser gefasst. Vom Pumpwerk unterhalb von Eybach unweit von Geislingen wurde ein Bereich zwischen dem Albuch und der Stubersheimer Alb versorgt. Die Förderhöhen betragen bis zu 280 m (bei Böhmenkirch).

Die Versorgungsleitungen vom Pumpwerk erstrecken sich in nördliche Richtung nach ***Stötten***, auf die ***Kuchalb*** und nach ***Schnittlingen***, in östliche Richtung nach ***Gussenstadt***, ***Gerstetten*** und ***Heldenfingen*** (mit einem Abzweig nach Norden und ***Böhmenkirch***) sowie nach Süden nach ***Weiler*** und ***Hofstett***.

Auch bei der Entstehung dieser Versorgungsgruppe gab es wohl langwierige Auseinandersetzungen zwischen ‚Trockenen' und ‚Nassen'.

So wird berichtet [5], dass im Februar 1875 einige Gerstetter Bürger Justingen besuchten, nachdem die Medizinalvisitation der Gemeindeverwaltung die Versorgung mit besserem Trinkwasser nahegelegt hatte. Der Gerstetter Schultheiß Friedrich August Fink war ein leidenschaftlicher Befürworter der Pläne zur Albwasserversorgung. Dies war wohl auch der Tatsache geschuldet, dass bis dahin bei keinem der Projekte eine Überschreitung der geplanten Kosten aufgetreten war (ja, das soll es in Deutschland früher mal gegeben haben).

Die große Ortschaft Gerstetten spielte in den Diskussionen um den Aufbau der Versorgungsgruppe eine tragende Rolle. Die Bürger hatten Zweifel an der Machbarkeit, wollten die Kosten nicht tragen und behaupteten sogar, dass es in Gerstetten keinen Wassermangel gebe. So sehr sich Fink auch mühte und Unterschriften unter den Beitrittswilligen sammelte, die ‚Nassen' blieben in der Minderheit. Nun machte die Regierung Druck und lud die vorgesehenen Gemeinden 1878 zur Gründungsversammlung nach Heidenheim ein. Hier wurde den Gemeindevertretern klar gemacht, dass für den Fall einer Ablehnung der Staatszuschuss von 20% der Baukosten gestrichen würde (anfangs waren es ja 25%). Einige Gemeinden blieben trotzdem bei ihrer Ablehnung. In Gerstetten stand es Spitz auf Knopf; in letzter Minute aber konnte Fink - unterstützt durch die Regierung - seine Gemeinde dann doch noch überzeugen, zumal Gerstettens Bierbrauer einen Beitrag von 5.000 Mark in die Waagschale warfen (den sie später aber wohl wieder zurückzogen).

Dennoch wurde so die letzte unter den acht Versorgungsgruppen zusammen mit der Albgruppe V (der ‚Unteren Filsgruppe') gegründet. Die Bauarbeiten begannen wenig später, und im Oktober 1880 sprudelte in Gerstetten und den umliegenden Verbandsgemeinden das Quellwasser aus Brunnensäulen und Hydranten. Ein Freudenfest wurde abgehalten, zumal die Leitungen pro Kopf der Bevölkerung statt wie geplant 100 Mark nur 85 Mark gekostet hatten. Einmal mehr hatten sich die Kostenplanungen von Carl Ehmann als verlässlich erwiesen (oh, wie schön wäre es, heute wieder einen Ehmann als Projektplaner zu haben). Die Kühe gaben wohl deutlich mehr Milch und viele Familien beantragten gar eigene Hausanschlüsse. Überschwänglich und ausgelassen wurden in den Albdörfern die Wasserfeste gefeiert. Ein Chronist aus jener Zeit berichtet, dass *„Böllersalven am frühen Morgen den Freudentag ins Tal hinab verkündeten. Die Brunnen und Häuser waren mit Fahnen, Kränzen und Laub geschmückt und Festfrauen liefen durchs Dorf. Als das lang ersehnte, herrliche Nass zum ersten Male in mächtigem, klarem Strahle emporschoss, waren alle Herzen vom freudigsten Danke bewegt. Mit einem Festmahl in den örtlichen Gasthäusern, Tanzunterhaltungen und Spiele der Jugend fand dieser Tag seinen Abschluss. Die Qualität des Wassers ist vorzüglich, es zeichnet sich durch Weichheit und Frische aus".*

Das Böllern erfreute sich damals wohl großer Beliebtheit. Und der württembergische König Karl I. war gerührt, verschickte Gratulationstelegramme und verteilte Orden.

– Obere Filsgruppe

Die Fils entspringt in mehreren Quellen mit einer mittleren Schüttung von ca. 160 l/s oberhalb von Wiesensteig, von denen der ‚Filsursprung' die größte ist. Über Mühlhausen, Geislingen und Göppingen fließt sie 63 km lang bis nach Plochingen, wo sie in den Neckar mündet und als einer der bedeutendsten Neckarzuflüsse diesen schiffbar macht.

Zunächst war nur eine Filsgruppe vorgesehen. Durch viele Änderungen und Erweiterungen ergab sich jedoch die Notwendigkeit der Bildung einer ‚Unteren' und einer ‚Oberen' Filsgruppe. Wichtige versorgte Gemeinden der Oberen Filsgruppe waren ***Hohenstadt***, ***Westerheim***, ***Laichingen***, ***Machtolsheim***, ***Merklingen***, ***Nellingen*** und ***Feldstetten***.

Für den Bau des Pumpwerks in Mühlhausen an der Fils (ca. 10 km unterhalb des Filsursprungs; die Fils lieferte auch das Treibwasser) mit seinem charakteristischen Wasserturm wurde eine Mühle erworben. Das Trinkwasser wurde einem nahegelegenen Grundwasserbrunnen entnommen. Die Förderhöhe zum Hauptochbehälter in Westerheim beträgt ca. 300 m. Erbaut wurde die Versorgungsgruppe in den Jahren 1875 und 1876. Schon bald nach der Inbetriebnahme zeigte sich das Problem, dass die Wasserkraft der Fils bei Niedrigwasser für die großen Förderhöhen nicht ausreichte. Deswegen wurde 1881 eine zusätzliche kleine Dampfmaschine aufgestellt, die aber auch bald überfordert war. Appelle an die Bevölkerung, den Wasserverbrauch zu reduzieren, nutzten nicht viel und so musste bald eine größere Anlage erworben und aufgestellt werden. Auch das Wasserangebot des Grundwasserbrunnens bei Mühlhausen reichte bald nicht mehr aus, weswegen 1903 zusätzlich die Todsburgquelle an der Fils zwischen Wiesensteig und Mühlhausen erworben und gefasst wurde.

Der Filsursprung oberhalb von Wiesensteig ▲

▼ Pumpwerk der ‚Oberen Filsgruppe' bei Mühlhausen

Den ehemaligen Hochbehälter ‚Schwachstett/Hohe Aspen' findet man zwischen Nellingen und Merklingen am Waldrand in der Nähe der Autobahn A8. Er diente fast 100 Jahre lang als Vorratsspeicher für Nellingen und Aichen. Er wurde von der Versorgungsgruppe an die Gemeinde Nellingen verkauft. Auf einem kleinen Hügel, die über eine Treppe aus Betonplatten bestiegen wird, sieht man das restaurierte Schachthäuschen. Das Innenleben unter der Erde ist wohl noch intakt. Die beiden Wasserkammern fassen je 265 m^3; die Gewölbe aus Ziegelmauerwerk haben eine Mörtelabdeckung. Die Wände sind mit Zementmörtel verputzt und geglättet und selbst die Armaturen und Schieber sind noch vorhanden.

Wasserturm nahe dem Pumpwerk ▲

▼ Hochbehälter Schwachstett der Albgruppe II

Der Blautopf bei Blaubeuren (mit Hammerwerk) ▲

▼ Pumpwerk der Blaugruppe

– Blaugruppe

Die Blau entspringt in Blaubeuren im Blautopf. Sie ist mit einer mittleren Schüttung von 1.280 l/s eine der wasserreichsten Karstquellen in Deutschland. Nach 22 km fließt sie in Ulm in die Donau.

1875 und 1876 entstand die Blaugruppe. Unmittelbar unterhalb des Blautopfs liegt das Pumpwerk, für das die fast immer wasserreiche Blau ausreichend Treibwasser lieferte. Das Trinkwasser wurde von einem Grundwasserbrunnen neben dem Pumpwerk entnommen.

Die Förderhöhen zu den Hochbehältern lagen zwischen 180 und 255 m. Die Versorgungsleitungen gingen nach Winnenden (vorher mit dem Abzweig nach Seißen), Suppingen und weiter nach Berghülen und Bühlenhausen sowie nach Sonderbuch und Wippingen (mit Abzweig nach Asch). Im Gegensatz zu manch anderer Versorgungsgruppe liefen die Diskussionen zur Realisie-

▼ Dorfhüle in Asch (vor der Restaurierung 2019/2020)

rung dieser Albgruppe III eher friedlich ab, was vielleicht auch der geschilderten erfolglosen Brunnenbohrerei im Oberamt geschuldet war.

In einigen Ortschaften der Versorgungsgruppe sind bis heute interessante Objekte aus der Zeit vor bzw. der Anfangszeit der Wasserversorgung zu finden. So sind in Asch und Bühlenhausen noch schöne Dorfhülen erhalten geblieben.

Auch in Seißen findet man eine Hüle; außerdem gibt es hier noch einen der wenigen komplett mit einem Schachthäuschen erhaltenen Hochbehälter. In Bühlenhausen und Asch kann man schließlich noch die ursprünglichen Ventilbrunnen entdecken. Diese wurden am Anfang der Albwasserversorgung für die Versorgung der Bewohner in den Ortschaften benutzt, bevor aufwendigere Hausanschlüsse gelegt werden konnten.

Hochbehälter in Seißen (mit Schachthäuschen) ▲

▼ Alter Ventilbrunnen in Asch

Albgruppe IV – Blaubeurer Lautergruppe

Die ‚Kleine' oder Blaubeurer Lauter entspringt in dem kleinen Weiler (und Blausteiner Ortsteil) Lautern und fließt nach fünf Kilometern in Herrlingen (ebenfalls Ortsteil von Blaustein) in die Blau. Die Lauterquelle hat eine mittlere Schüttung von 600 l/s und ist damit eine der stärksten Quellen der Schwäbischen Alb.

Die Blaubeurer Lauter lieferte das Treibwasser für das Pumpwerk, für das ebenfalls eine Mühle erworben wurde, und das unmittelbar am Quelltopf der Blaubeurer Lauter steht. Das Trinkwasser stammte von mehreren Quellen, die oberhalb des Pumpwerks gefasst wurden. Der Aufbau der Versorgungsgruppe erfolgte von 1873 bis 1875. Damit ist sie in der chronologischen Abfolge der Albwasserversorgung die zweite Gruppe nach der Albgruppe VIII.

Die Versorgungsleitungen gingen in nördliche und östliche Richtung. Die nördliche Leitung versorgte ***Bermaringen***, ***Temmenhausen*** und ***Scharenstetten*** sowie ***Tomerdingen***. In östliche Richtung wurden ***Weidach***, ***Böttingen*** und ***Dornstatt*** angeschlossen. Das Pumpwerk befindet sich unmittelbar neben der Quelle. Die Förderhöhen betragen zwischen 120 und 200 m. Und auch in dieser Versorgungsgruppe gibt es heute noch interessante Denkmale aus der Zeit. Dazu gehören beispielsweise der Hochbehälter in Temmenhausen mit seinem Schachthäuschen sowie der markante Wasserturm in Scharenstetten.

Der Quelltopf der Blaubeurer Lauter ▲

▼ Pumpwerk an der Blaubeurer Lauter

Hochbehälter in Temmenhausen ▲

▼ Der Wasserturm von Scharenstetten

Albgruppe V – Untere Filsgruppe

Wie die Albgruppe II liegt auch diese Gruppe an der Fils, allerdings ist das Pumpwerk dieser ‚Unteren Filsgruppe' bei Bad Überkingen fast 30 km vom Filsursprung entfernt. Von allen Versorgungsgruppen war sie den größten Änderungen unterworfen. Ursprünglich war sie als Echazgruppe geplant, doch gab es dort zunächst wenig Bereitschaft, eine Versorgungsgruppe zu bilden.

Das Pumpwerk liegt oberhalb Bad Überkingen und hat bis heute viel von seinem ursprünglichen Aussehen beibehalten. Für das Treibwasser ist die Fils zuständig, die bei Hausen an der Fils für diesen Zweck kanalisiert wurde. Das Trinkwasser wurde und wird aus mehreren Quellen in der Nähe des Pumpwerks entnommen.

Die Versorgungsleitungen dieser Gruppe gingen in drei Richtungen. Im Norden wurden ***Oberböhringen*** und im Westen ***Hausen*** angeschlossen. Der südliche Ast ging hinauf nach ***Aufhausen***,

▼ Treibwasserkanal der Fils vor Bad Überkingen

von wo aus mit mehreren weiteren Verzweigungen ***Türkheim***, ***Amstetten***, ***Stubersheim***, ***Schalkstetten***, ***Altheim (Alb)*** und ***Ballendorf*** sowie Oppingen und einige kleinere Nachbargemeinden angeschlossen wurden. Die Förderhöhen betrugen bis zu 310 m.

Auch hier können heute noch interessante Reste der früheren Anlagen besichtigt werden. In Aufhausen befindet sich gleich zwei schön verzierte Ventilbrunnen. Einer neben der Kirche, der andere etwas unterhalb neben dem Ort der früheren Hüle.

Das Pumpwerk in Bad Überkingen ist gleich in zweifacher Hinsicht interessant. Das historische Gebäude ist noch weitgehend im Originalzustand erhalten und beinhaltet noch Teile der ursprünglichen Ausstattung von 1881 sowie eine alte Werkstatt und ein kleines Museum mit den alten Bauplänen sowie alten Teilen der Rohrleitungen. Daneben befindet sich das neue Wasserwerk. So kann man hier zwei Generationen der Wasserversorgung auf der Schwäbischen Alb direkt vergleichen.

Historische Beschilderung am Pumpwerk ▲

▼ Schön verzierter Ventilbrunnen in Aufhausen

Der Quelltopf der großen Lauter bei Offenhausen ▲

▼ Das heutige Pumpwerk in Wittstaig

Albgruppe VI – Münsinger Lautergruppe

Die Münsinger Lauter (meist ‚Große' Lauter genannt) entspringt in Offenhausen neben dem ehemaligen Kloster, das heute profanisiert und Teil des Gestüts Marbach ist.

Auch der Start der ‚Münsinger Lautergruppe' gestaltete sich schwierig, da einige zunächst eingeplante Gemeinden absprangen. Aufgrund der langen Diskussionen erfolgte der Aufbau der Versorgungsgruppe in zwei Abschnitten. 1872 wurden zunächst ***Bremelau***, ***Heuhof*** und ***Dürrenstetten*** angeschlossen; sechs Jahre später folgten ***Frankenhofen***, ***Granheim***, ***Münzdorf***, ***Ehestetten*** und Aichelau.

Das Pumpwerk wurde in Wittstaig an der Stelle einer früheren, ehemaligen Mühle errichtet. Das Treibwasser lieferte die Große Lauter, für das Trinkwasser wurden naheliegende Quellen eingesetzt.

Einer der Quelltöpfe des Hasenbachs im Glastal ▲

▼ Heutiges Pumpwerk der Versorgungsgruppe VII in Zwiefalten

Albgruppe VII – Zwiefalter Aachgruppe

Südlich an die Gruppe VI schließt sich die Gruppe VII, die ‚Zwiefalter Aachgruppe', an. Diese war zunächst als ‚Aachgruppe' mit einem Pumpwerk in Gossenzugen geplant; realisiert wurde sie 1878/1879 mit einem Pumpwerk in Zwiefalten. Versorgt wurden die westlich von Zwiefalten gelegenen Gemeinden ***Huldstetten***, ***Tigerfeld***, ***Aichstetten***, ***Pfronstetten*** und ***Wilsingen*** in Richtung Nordwesten sowie ***Geisingen***, ***Dürrenstetten*** und ***Ittenhausen*** in südwestlicher Richtung. Das preußische Gebiet Hohenzollern wurde dabei säuberlich umgangen (mit konstruktivem Föderalismus hatte man es damals noch nicht so sehr).

Das Treibwasser für das Pumpwerk, das gleich neben einer bekannten Zwiefalter Brauerei liegt, wurde von der Zwiefalter Aach bereitgestellt. Diese hat ihren Ursprung in der Wimsener Höhle und wird dort gleich durch den Hasenbach, der im wunderschönen Glastal entspringt, verstärkt.

Das Trinkwasser entstammt der Kesselquelle, die wenige 100 m westlich des Pumpwerks entspringt. Versorgungsgruppe mit Quelle und Pumpwerk werden bis heute genutzt.

Albgruppe IX – Obere Schmiechgruppe

Die ‚Obere Schmiechgruppe' war zunächst nicht vorsehen, sondern war Teil der ‚Mutter aller Versorgungsgruppen', der Versorgungsgruppe VIII. Damals sprangen aber einige Ortschaften aufgrund kosten- und technikbedingter Bedenken ab. Aber als man sah, wie gut alles funktionierte, setzte auch dort ein Umdenken ein, so dass 1877/78 die zusätzliche Versorgungsgruppe IX kreiert wurde. Allerdings reduzierte die württembergische Regierung ihre Zuschüsse deutlich (Strafe musste sein).

Das Pumpwerk war (und ist bis heute nach entsprechenden Umbauten) an der Schmiech nahe Gundershofen; versorgt wurden die Ortschaften ***Ennabeuren***, ***Sontheim***, ***Magolsheim*** und ***Mehrstetten.***

5 Und es geht weiter: Die zweite Ausbauphase

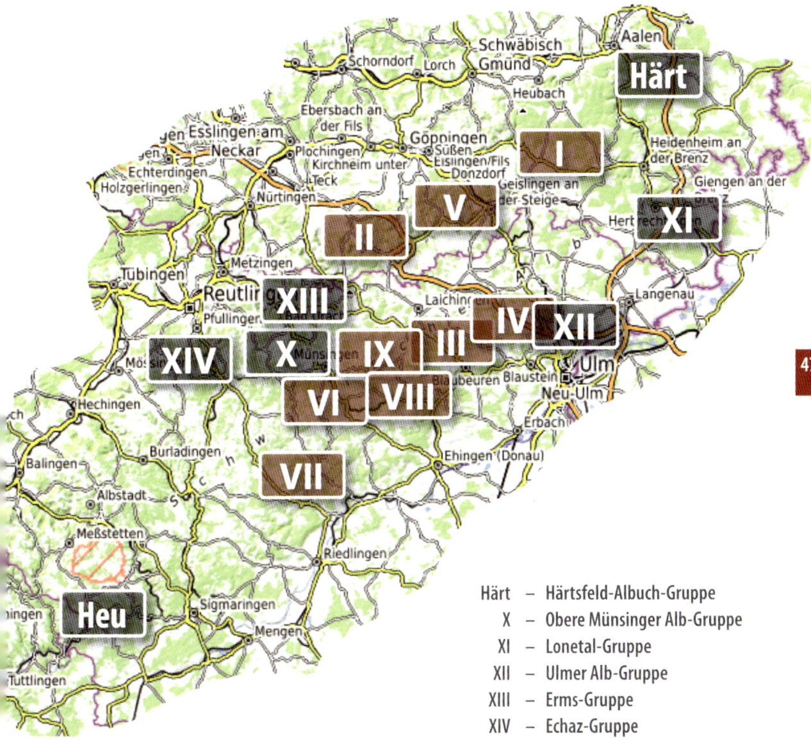

Die Versorgungsgruppen der zweiten Ausbauphase

Hermann Ehmann

Carl von Ehmann (mittlerweile geadelt) schied 1883 aus dem Dienst aus und starb 1889. Sein Vetter Hermann Ehmann (1844 - 1905) setzte sein Werk fort, und so folgten dann nach 1887 in einer zweiten Ausbauphase weitere Versorgungsgruppen.

Leider sind in der Dokumentation die Bezeichnungen und Nummerierungen der Versorgungsgruppen nicht einheitlich.

Von Norden nach Süden waren dies:

▼ Pumpwerk am Itzelberger See mit altem Brunnen

Die Härtsfeld-Albuch-Gruppe

Auch der nördliche und östliche Teil der Schwäbischen Alb litten öfters unter Wassermangel, so dass auch in dieser Region ein großes Interesse an einer Wasserversorgung entstand. So fand 1890 in Königsbronn die konstituierende Sitzung der Gründung der Härtsfeld-Albuch-Wasserversorgung statt, auf der Bauten, Finanzen und späterer Betrieb geregelt wurden. Das Wasser wurde dem Itzelberger See entnommen und über einen Sandkasten gereinigt. Druckleitungen wurden von dem Pumpwerk in Itzelberg auf das Härtsfeld und den Albuch gelegt.

Das Hauptpumpwerk wurde nahe dem Itzelberger See am Ort einer alten Blechschmiede errichtet.

1892 wurde begeistert die Einweihung gefeiert, was in der ‚Härtsfeldrundschau' ausführlich gewürdigt wurde:

▼ Pumpwerk am Itzelberger See (Inschrift)

Am 1. Juli 1892 fand die feierliche Einweihung durch seine Majestät dem König statt. Zuerst war Besichtigung der Pumpstation in Itzelberg und nach einem Besuch des Hüttenwerkes Königsbronn wurde die weite Reise über das Härtsfeld angetreten. Nach Passierung der Orte Rothensohl, Großkuchen und Ebnat war der Ziel- und Haltepunkt das Hochreservoir des Härtsfeldes. Von den zwei mächtigen Wasserkammern war eine leer gelassen und als seine Majestät empfangen von den hier aufgestellten Vertretern der Gemeinde Waldhausen in das Wasserhäuschen eintrat, ertönt mit wundersam ergreifender Wirkung aus der Tiefe der Wasserstube ein Lied des Ebnater Kirchenchors. Seine Majestät stiegen selbst in die Wasserkammern hinab und drückten den Sängern und Sängerinnen seinen huldreichen Dank aus und ließen sich ein Glas des köstlichen Itzelberger Wassers aus dem Hauptreservoir auf der höchsten Höhe des Härtsfeldes reichen…

Der Gesamteindruck der Reise durch das Härtsfeld war für jedermann der, dass seine Bewohner trotz des dringenden Heuerntegeschäftes den Bewohnern des Brenztales in dem einmütigen Bestreben nach allen Kräften seine Majestät aufs Glänzenste zu empfangen und aufs Höchste zu ehren, in nichts nachgestanden waren. In jeder Gemeinde derselbe jubelnde Empfang, überall alte Häuser in schönem Schmuck, überall die Straßen mit Bäumen, Fahnen und prächtigen Triumphbogen zu wahren Triumphstraßen verwandelt und verschönt durch da und dort provisorisch mit prächtigem Strahl aufschießende Springbrunnen und die in hellglänzendem hohen Wasserstrahlen springenden Hydranten, überall patriotische Ansprachen durch die Ortsgeistlichen, überall eine offensichtliche ungekünstelte, aus vollem Herzen hellauflodernde Freude der Bevölkerung.

Andererseits machte aber auch in ergreifender Weise die nicht müde werdende, um jedes Einzelne sich kümmernde höchste Leutseligkeit und Güte seiner Majestät auf jedermann einen unauslöschlichen tiefen Eindruck. Die Freude des Härtsfeldes über die jetzige Eisenbahn ist nicht geringer als jene über den Besitz der Wasserleitung, ganz abgesehen davon, dass die Kosten, welche die Bevölkerung hierfür zu tragen hat, viel geringer sind.

Albgruppe XI: Lonetal

Am Übergang der Ostalb zur Riedlandschaft entlang der Donau befindet sich die Heimat der Versorgungsgruppe XI. Diese befindet sich zwar nahe der Lone, die aber zur Wasserversorgung nicht herangezogen wurde.

1892 fand die Konstituierung der Versorgungsgruppe mit den Gemeinden *Nerenstetten*, *Rammingen*, *Öllingen* und *Setzingen* statt. Die Wassergewinnung erfolgte aus der Baumbrunnenquelle östlich von Öllingen; eine zusätzliche Speisung aus der Lone wurde wie gesagt zwar erwogen, aber verworfen. Die Versorgung der umliegenden Gemeinden erfolgte über den Wasserturm und einen Trinkwasserspeicher in Öllingen. Der Antrieb der Pumpe wurde mangels Treibwasser mit ausreichendem Gefälle über eine Dampfmaschine realisiert.

Albgruppe XII: Ulmer Alb

1895 war es dann auf der Ulmer Alb soweit. Beeindruckt vom Erfolg der Gruppe IV fand im März dieses Jahres beim Innenministerium die Konstituierungs-Verhandlung des Gemeindewasserverbandes Alb-Wasser-Versorgung Ulmer-Alb-Gruppe XII statt. Dieser Gruppe gehörten die Gemeinden *Lehr*, *Jungingen*, *Beimerstetten*, *Vorderdenkental* und *Luizhausen* an. Das Pumpwerk war bei Ehrenstein im Schammental, ein Hochbehälter in Luizhausen.

Der Ermsursprung befindet sich in der malerischen Trailfinger Schlucht, einem schönen Beispiel eines Schluchtwaldes. Nur wenige hundert Meter nach der Quelle muss der kleine Fluss in einem Kraftwerk, das bis heute einen großen Teil des Stroms für Münsingen produziert, schon kräftige Arbeit verrichten. Kurz hinter Seeburg liegt dann das Pumpwerk Seeburg der Albgruppe XIII (Ermsgruppe). Es versorgte aus zwei Quellen nahe der Erms *Münsingen*, *Auingen*, *Trailfingen*, *Dottingen*, *Rietheim*, *Apfelstetten* und den *Gutsbezirk Münsingen (Truppenübungsplatz)* mit Trinkwasser. Weiter Erms abwärts Richtung Urach befindet sich dann das später errichtete Pumpwerk Enge (das eigentlich zur Uracher Albgruppe gehört), bei dem eine historische Kolbenpumpe ausgestellt ist. Von hier aus werden (immer noch) *Wittlingen*, *Hengen*

sowie die Gemeinde *Römerstein* mit Trinkwasser *versorgt*.

▼ Am Ermsursprung in der Trailfinger Schlucht

Das Pumpwerk Seeburg der Albgruppe XIII ▲

▼ Historische Kolbenpumpe beim Pumpwerk ‚Enge' im Ermstal

Albgruppe XIV: Echaz

Unweit vom Schloss Lichtenstein befindet sich im Echaztal die Wasserversorgung der Albgruppe XIV. Start war 1891, als sich die östlich oberhalb des Echaztals gelegene Gemeinde Holzelfingen entschloss, nach Entwürfen Ehmanns eine Wasserleitung anzulegen. 1896 erhielt auch das Schloss Lichtenstein über ein Pumpwerk nahe der Echazquelle eine Wasserversorgung.

1898 wurde dann zusammen mit Klein- und Großengstingen die Alb-Wasser-Versorgung Echazgruppe XIV gegründet. Diese versorgte zunächst *Holzelfingen* mit Wasser. 1900 wurden dann auch *Klein-* und *Großengstingen*, später auch *Traifelberg* an diese Versorgungsgruppe angeschlossen.

▼ Schloss Lichtenstein hoch über dem Echaztal

Albgruppe X: Obere Münsinger Alb

Die Gemeinden an der oberen Großen Lauter wie Gomadingen, Dapfen oder Wasserstetten hatten keine Probleme mit der Wasserversorgung. Wasser war ausreichend vorhanden, und das Vieh konnte zum Tränken an die Lauter gebracht werden.

Anders war die Situation in den dortigen Gemeinden auf der Albhochfläche wie *Eglingen*, *Ödenwaldstetten*, *Bernloch*, Oberstetten, Meidelstetten oder der Domäne *Maßhalderbuch*. Bei länger anhaltender Trockenheit oder auch bei Frost mussten sich die Bewohner wie vielerorts mit dem Fuhrwerk Wasser z.B. aus der Lauterquelle in Offenhausen beschaffen. Dies war zeitaufwändig und im Winter auch nicht ungefährlich. 1891 wurde daher die Albgruppe X (Obere Münsinger Alb) ins Leben gerufen. In Wasserstetten wurde die Mühle Stooß gekauft, die zum Pumpwerk umfunktioniert wurde. Nicht weit weg davon erfolgte der Bau

▼ Die Große Lauter nach der Quelle mit dem Einfluss in das kleine Kraftwerk

der Quellfassung. Das Wasserrad in der Großen Lauter trieb die Pumpe an, die das Wasser in einer Druckleitung nach Oberstetten in einen Hochbehälter förderte. Von dort wurden die Zweigleitungen in die vorgenannten Ortschaften gelegt.

Die Wasserkraft der Großen Lauter wird gleich hinter dem Quelltopf bei Offenhausen auch heute noch zur Gewinnung von Elektrizität genutzt. Angeschlossen ist auch ein kleines Pumpwerk, welches das oberhalb von Offenhausen gelegene Kohlstetten mit Wasser versorgt.

Die Heuberggruppe

Auch auf der südlichen Alb gab es Gegenden, die öfters stark unter Wassermangel zu leiden hatten. Dazu zählte auch die Region am Heuberg z.B. mit der Ortschaft Königsheim, die oberhalb des Flüsschens Bära auf ca. 900 m Meereshöhe liegt. Und auch hier gab es wie im rund 70 km (Luftlinie) entfernten Justingen Konflikte zwischen den ‚Nassen' und ‚Trockenen'. Leo Mattes war als Schultheiß von Königsheim derjenige, der als ‚Nasser' schon 1878 die Initiative ergriff. Als Vorbild hatte er die sich bereits im Betrieb oder Aufbau befindlichen Versorgungsgruppen. Und so nahm er in diesem Jahr das Angebot des Königlichen Wasserbauamtes an, Pläne für eine Wasserversorgung auf dem Heuberg auszuarbeiten. Treibwasser war durch die Bära vorhanden, und auch Quellen gab es im Tal reichlich [9].

Zwei Jahre mussten die örtlichen Befürworter dieses Planes schwere Zeiten gegen die erzkonservativen Gegner durchstehen, was auch in der Grabsteininschrift von Leo Mattes deutlich wird: *‚Tretet her zu meinem Grabe, stört mich nicht in meiner Ruh, denkt was ich gelitten habe, gönnt mir nun die ewige Ruh'*. Argumente gegen die Wasserversorgung waren wie gewohnt Sprüche wie *‚Noch nie ist das Wasser den Berg hinaufgelaufen'* oder *‚Mein Großvater und mein Vater sind alte Männer geworden und haben keine Wasserleitung gehabt'*.

Trotz aller Erschwernisse ging es weiter, und die Befürworter konnten 1880 eine zum Kauf angebotene Hammermühle in Egesheim an der Bära erwerben, die als mögliches Pumpwerk in Frage kam. Aber es dauerte noch einmal sechs Jahre bis 1886, bis endlich mit den Gemeinden *Kolbingen*, *Bubsheim*, *Obernheim*, *Nusplingen*, *Irrendorf*, *Renquishausen* und *Königsheim* in Spaichingen die Wasserversorgungsgruppe gegründet und mit deren Bau begonnen wurde.

Die Inbetriebnahme erfolgte mit einem ‚Wasserfest' im Dezember 1887. Dies geschah wie anderenorts auch mit Böllerschüssen, Gottesdiensten, Festbanketten (ganz wichtig!) und anderen zugehörigen Zeremonien, jedoch ohne königlichen Beistand. Dieser wurde jedoch in Leo Mattes' Ansprache entsprechend gewürdigt:

‚Geehrte Festgäste, teure Mitbürger! Es hast sich in unserem Mauern heute ein Ereignis abgespielt, dass noch nie dagewesen, wird aber auch nicht mehr wiederkehren. Es laufen jetzt 6 Brunnen hier vom schönen Bäratal, so jung und alt bequem seinen Bedarf an Wasser holen kann. Hierfür sind wir aber Dank schuldig. Ich glaube, dass ich im Sinne aller spreche, wenn ich den Dank auf seine Majestät, den König, ausspreche, dass er sein väterliches Auge auf uns richtete'.

Speziell an die weibliche Bevölkerung richteten sich Sinnsprüche wie: *‚Wie bequem ist`s für die Weiber, heller werden ihre „Leiber"'*, oder auch *‚In manchem Hause hier, sprudelt`s in die Pfanne schier. Den Mädchen will`s nicht recht behagen, die so gerne Wasser tragen. Denn vieles ward dort abgemacht – darum recht wohl abgeschafft.'*

Ein Kommentar erübrigt sich wohl.

Damit war auch die zweite Phase des Aufbaus der Albwasserversorgung abgeschlossen. Danach ging es mit vielen Erweiterungen, Änderungen und Umstrukturierungen weiter. Und bis heute ist die Wasserversorgung auf der Schwäbischen Alb, meist organisiert in Zweckverbänden, in öffentlicher Hand.

Aber das soll nicht mehr Gegenstand dieser Schrift sein.

6 Die Technik und die Menschen

Im 19. Jahrhundert erlebten die Entwicklung der wichtigsten Baugruppen und der Fertigungstechnologien wie Gießen und der mechanischen Bearbeitung einen schnellen und großen Fortschritt. Dazu kam die Standardisierung, so dass die Verwendung von Bauteilen auch verschiedener Hersteller z.B. zu Reparaturzwecken möglich wurde.

Die technische Gestaltung der Versorgungsgruppen

Das Treibwasser, das meist kanalisiert den Bächen bzw. kleinen Flüssen entnommen wird, wirkt auf den Antrieb der Wasserkraftanlagen.

Diese Wasserkraftanlagen wurden von den anfänglichen Wasserrädern, wie sie beispielsweise traditionell auch von Mühlen bekannt waren, hin zu effizienteren Tangentialrädern und später auch Turbinen weiterentwickelt. Turbinen kamen später auch oft als Ersatz zum Einsatz. Als Reserve z.B. bei nicht ausreichendem Wasserstand des treibwasserführenden Wasserlaufs wurden später auch Dampfmaschinen und Elektro- bzw. stationäre Verbrennungsmotoren verwendet.

Treib- und Trinkwasser wurden mit Ausnahme der ersten Gruppe VIII (hier lieferte die Schmiech beides) getrennt. Fassung und Förderung des Trinkwassers erfolgte in der Regel aus Quellen in der Nähe des Pumpwerkes. Das Trinkwasser wurde zusätzlich filtriert.

Die Wasserräder ihrerseits trieben dann (meist über flache Riementriebe) die Pumpen an. Als Pumpen kamen überwiegend doppeltwirkende Kolbenpumpen zum Einsatz, die einen Förderdruck bis zu 75 bar erzeugen konnten. Eine Dämpfung der Druckstöße bei der Förderung erfolgte über ein Ventil in einen sogenannten Windkessel, dessen großes Luftvolumen die Dämpfung bewirkte.

Die Anlagen brauchten regelmäßige Wartung und Schmierung, für die früher ein sogenanntes Kammenfett eingesetzt wurde. Dies ist eine Mischung aus Unschlitt (Talg aus tierischen Innereien), Schmalz, Wachs und Graphit. Über die Begeisterung der mit dessen Herstellung betrauten Mitarbeitern ist nichts bekannt.

Die Leitungen wurden mit Rohren aufgebaut, die meist aus Grauguss hergestellt wurden. Die Rohre wurden entweder über Flansche oder oft über Stemmmuffen verbunden, bei denen Dichtung, Verbindung und Verschluss über Hanfbänder und Blei erfolgte. Dies geschah direkt vor Ort. Dazu musste Blei geschmolzen und vergossen werden, was nicht einfach und sowohl unfallträchtig als auch gesundheitsschädlich war.

Wichtig (z.B. für den Reparaturfall) war die schon angesprochene Normung der Rohre, so dass diese zeitlich unabhängig

▼ Kolbenpumpe mit Windkessel im ehemaligen Pumpwerk Bad Überkingen

und von verschiedenen Herstellern beschafft und verbaut werden konnten.

Damit bei Problemen der Wasserförderung bzw. bei notwendigen Abstellungen nicht der gesamte Wasserdruck auf der unten gelegenen Pumpe lag, und so auch die vollständige Förderleistung verloren war, wurden in die Leitungen in regelmäßigen Abständen Rückschlagklappen eingebaut.

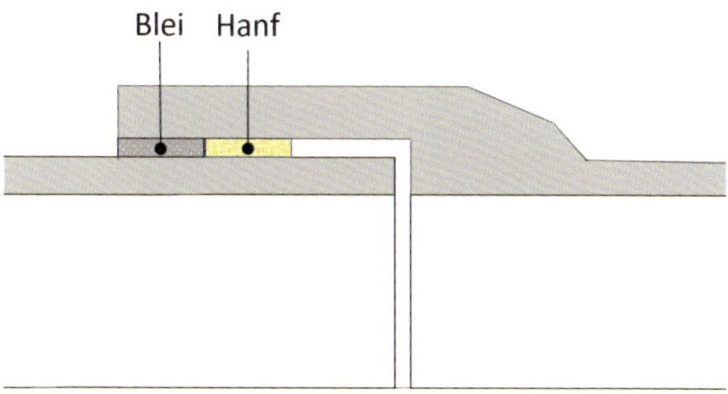

Prinzip der Verbindung mit Stemmmuffen

Innenwand des Hochbehälters in Seißen

Die Hochbehälter wurden in einer einheitlichen Bauweise errichtet, die sich jedoch in der Größe unterschieden. Fundamente und Boden der Behälter waren aus Beton, die Wände aus Zement mit glattgeschliffenen Oberflächen.

Die Ortsnetze hatten zunächst noch keine Hausanschlüsse (die gab es teilweise erst deutlich später). Die Verteilung des Wassers in den einzelnen Ortschaften erfolgte durch Hydranten und Ventilbrunnen.

Die Lieferanten kamen überwiegend aus Württemberg. Z.B. hatte die Fa. Kuhn in Stuttgart eine große Bandbreite an Gusserzeugnissen, aber auch Kolbenpumpen und Dampfmaschinen, in ihrem Fertigungsprogramm. In Königsbronn und Wasseralfingen waren bekannte Gießereien. Turbinen wurden später auch von der Fa. Voith in Heidenheim geliefert.

▼ Werbeplakat der Fa. Kuhn in Stuttgart [10]

Nun etwas zu den Menschen

Über die hauptsächlichen Protagonisten Carl Ehmann und Anton Fischer wurde hier schon berichtet.

Der Vetter von Carl Ehmann, Hermann Ehmann, wurde 1844 in Möckmühl geboren. Er studierte Ingenieurwesen am Polytechnikum Stuttgart und begann seine Berufstätigkeit 1870 als Ingenieurassistent beim Staatlichen Wasserbauamt in Stuttgart. Dort war die Realisierung der Albwasserversorgung, die von seinem Vetter geplant wurde, seine Hauptaufgabe. Ab 1889 führte er unermüdlich mit (zu) viel Einsatz das gemeinsame Lebenswerk bis zu seinem Tod bei Antritt einer Dienstreise 1905 fort.

Sein Nachfolger im Amt war Bauinspektor Oskar Groß (1875 - 1948). Auch er begann nach dem Studium an der Technischen Hochschule Stuttgart seine Berufstätigkeit bei der Wasserversorgung. Er entwickelte die von Carl und Hermann Ehmann erdachten, geplanten und realisierten Versorgungsgruppen weiter und schuf damit eine in Württemberg zentrale Wasserversorgung. So gründete er 1931 die Vereinigung der Wasserversorgungsverbände in Württemberg und Hohenzollern (VEDEWA), eine kommunale Selbsthilfeorganisation zur technischen Beratung und Betriebsüberwachung von Wasserwerken, deren erster Geschäftsführer er wurde.

Wenig bekannt ist jedoch bedauerlicherweise über die Arbeiter an der Albwasserversorgung. In Deutschland herrschte Ende des 19. Jahrhunderts ein großer Mangel an Arbeitskräften, und so wurden viele ausländische Arbeiter für Bergbau, Eisenbahnbau und auch die Albwasserversorgung angeworben. Im Ruhrgebiet waren dies meist Menschen aus Polen. In Süddeutschland mit seinen großen Baustellen im Eisenbahnbau (aber auch bei der Albwasserversorgung) kamen die Arbeiter meist aus Norditalien (‚Alpini'; [11]). Aufgrund der historisch gewachsenen Verbindungen und der kürzeren Entfernung war für diese Süddeutschland beliebt. Meist reisten sie, manchmal auch aus Alpendörfern stammend, in Gruppen an. In vielen ihrer Heimatdörfer war die Arbeitsmigration nach Süddeutschland bereits zur Tradition geworden. Niedrige Löhne, ungerechte Pachtverträge und Krankheiten in der Heimat hatten ihnen den Abschied erleichtert. Die Arbeit, die sie hier bei der Albwasserversorgung erwartete (vor allem beim Rohrleitungsbau), war aufgrund der zu beherrschenden Gewichte und des oft steilen Geländes physisch anstrengend und gefährlich. Heute selbstverständliche Hilfsmittel wie Motoren und Hebezeuge waren damals noch nicht verbreitet, und so kam es leider oft zu Unfällen. Als ungelernte Erdarbeiter eingesetzt, entwickelten sich die Alpini zu regelrechten Spezialisten. Die Arbeit war hart, die tägliche Arbeitszeit betrug 10 bis 12 Stunden. Die Wanderarbeiter, zwischen 18 und 40 Jahren alt, waren anfangs überwiegend unverheiratet. Die Wohn- und Lebensverhältnisse waren bescheiden. Sie wohnten meist in Baracken oder in angeheuerten Massenunterkünften. Die süddeutschen Dörfer wurden weitgehend unvorbereitet mit den gewöhnlich in Gruppen anreisenden Italienern konfrontiert. So wurden diese eher abgelehnt, so dass sie während ihrer Zeit in Süddeutschland (auch wegen der sprachlichen Barrieren) fast immer unter sich blieben. Ein intensiverer Kontakt mit den Einheimischen blieb meist aus. In Erinnerung geblieben sind aber die gemeinsamen und obligatorischen Feste, die eine Arbeitssaison abschlossen.

Im Winter kehrten die Alpini überwiegend wieder in ihre Heimat zurück, wo sie mit dem Ersparten nicht selten den sozialen Aufstieg schafften. Manche sind aber auch damals schon in unserer Region sesshaft geworden und hiergeblieben. Ein Beispiel für diese Alpini beim Bau der Albwasserversorgung ist Domenico Brioni (1850 - 1901) aus Reggiolo bei Mantua in Italien. Er kam als junger Mann 1870 nach Württemberg, war seit 1876 bei der Albwasserversorgung beschäftigt und starb bei einem Arbeitsunfall 1901. Seine Nachfahren blieben und wohnen bis heute in Ulm.

Ihm sei an dieser Stelle, auch stellvertretend für allen anderen, die für dieses große Werk gearbeitet haben, gedacht.

7 Die Wanderungen

Die Anlagen und Einrichtungen der Albwasserversorgung verbinden auf nachvollziehbare Art und Weise Täler und Höhen der Schwäbischen Alb und bieten so eine hervorragende Ausgangsbasis für Wanderungen. Landschaftliche Schönheiten und teilweise auch Denkmale verschiedener Charakteristika werden so miteinander verknüpft.

Als Beispiele sollen folgende Touren unterschiedlicher Länge und Schwierigkeit näher beschrieben werden:

1 Die Albwassertour
2 Das Schmiechtal hinauf
3 Entdeckungstour zwischen Weidach und Blaubeuren
4 Kleine Runde um Seissen
5 Hülehopping bei Berghülen
6 Wasserversorgung zwischen Autobahn und Neubaustrecke
7 Bad Überkinger Runde
8 Durch Felder und Täler der Ulmer Alb
9 Quer durch den Albuch
10 Von Öllingen ins Lonetal
11 Das Ermstal zwischen Seeburg und Bad Urach
12 Rund um die Echazquelle
13 Wasser, Sternberg und Pralinen
14 Fünf Täler für ein Halleluja
15 Entdeckungsrunde auf dem Heuberg

Die gpx-Dateien zu allen Wanderungen finden Sie auf der Homepage des Schwäbischen Albvereins Ulm/Neu-Ulm (siehe QR-Code).

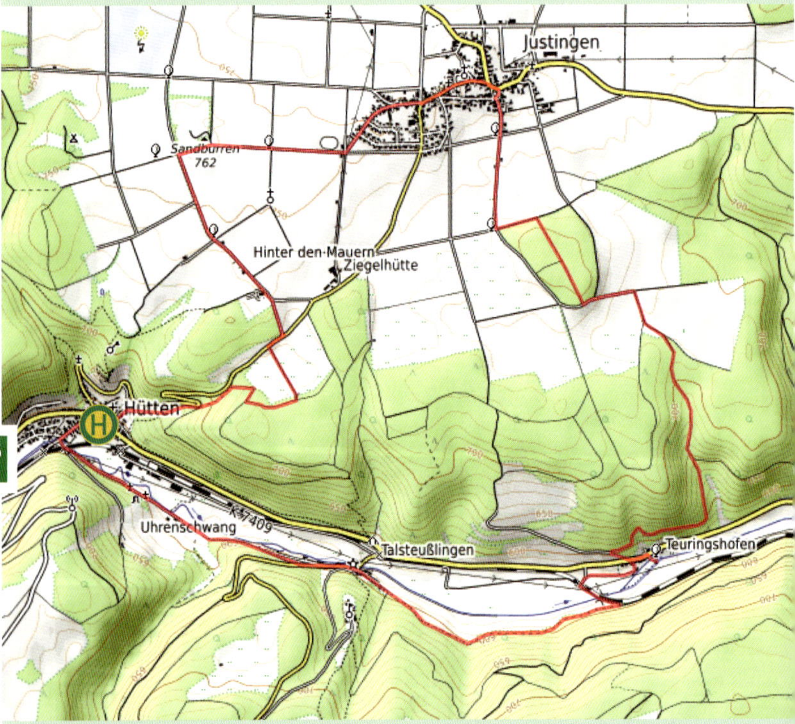
Justingen
Sandburren
762
Hinter den Mauern
Ziegelhütte
Hütten
H
Uhrenschwang
K 7409
Talsteußlingen
Teuringshofen

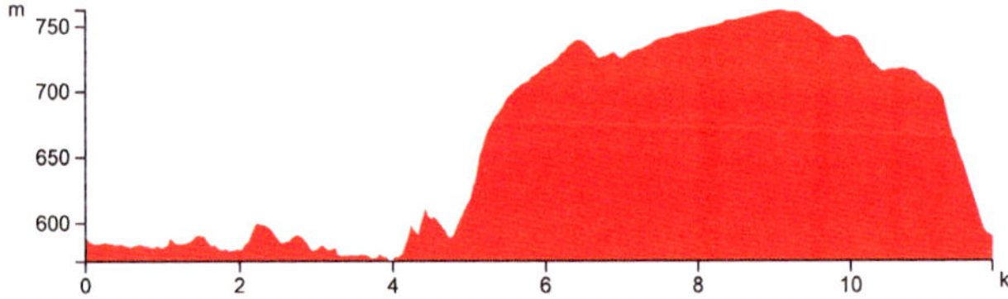
m
750
700
650
600
0
2
4
6
8
10
km

1 Die Albwassertour

Das Wichtigste in Kürze:

Start	Schelklingen-Hütten
Ende	Schelklingen-Hütten
Länge	12 km
Summe aller Anstiege	195 m
Summe aller Abstiege	195 m
Wanderkarte 1:35.000	von SAV/LGL; Blatt 26

Diese Tour zu der ‚Mutter aller Versorgungsgruppen' wurde von der Ortsgruppe des Schwäbischen Albvereins in Justingen/Ingstetten ausgearbeitet und kann im Internet unter dem Link

https://justingen.albverein.eu/albwassertour/

mit seinen vielfältigen Details nachgelesen werden. Dazu gehören auch die Informationstafeln, die entlang dieser Wanderung aufgestellt wurden: Die Wanderung ist auch in [12] enthalten.

Wir beginnen hier die Tour in Hütten, zu dem wir mit dem Bus (DING-Linie 333; Haltestelle ‚Hütten' oder ‚Hütten Bahnhof') oder mit der Schwäbischen Albbahn (DING-Linie R 31; Haltestelle ‚Hütten') gelangen können.

Wir gehen in die Ortsmitte und folgen vom Heimatmuseum in Hütten zunächst dem Schwäbische-Alb-Oberschwaben-Weg (HW7), der uns über die Schmiech bringt. An der Brücke vereinigt er sich mit dem Schwäbische-Alb-Südrand-Weg (HW2) und führt dann aus Hütten heraus in östliche Richtung. Kurz nach Hütten biegt der HW7 rechts ab; wir bleiben dem HW2 treu, auf dem wir bald Talsteußlingen mit seiner ehemaligen Getreidemühle und dem früheren Gasthof Löwen erreichen. In diesem verbrachte der Dichter Viktor von Scheffel mehrfach seinen Urlaub. Wir folgen dem HW2 bis zur Bahnlinie. Dort biegen wir scharf links ab, folgen der Bahnlinie, überqueren die Schmiech und biegen dann nach einer kurzen Strecke nach rechts über die Bahnlinie ab.

Dann wenden wir uns auf etwa halber Strecke zur Straße hin auf einen Weg nach rechts. Danach biegen wir wieder nach kurzer Strecke nach links ab und gelangen zur Straße, der wir bis zum Hinweisschild auf das Pumpwerk folgen. Dort ist auch eine Informationstafel. [1]

Nach der Informationsrunde wandern wir zunächst ein kurzes Stück zurück und dann erst halb rechts, dann scharf rechts durch den Wald den Berg hinauf. Oben angelangt verlassen wir den Hangwald, halten uns links und biegen wenig später nochmal links ab, bis wir einen kleinen Wald erreichen, in dem wir uns nach rechts wenden und den wir der Länge nach durchqueren. Am Ende dieses Waldes gehen wir nach links bis zu einem Kruzifix (schöne Aussicht), von dem aus wir rechts nach Justingen weiterwandern.

In Justingen kommen wir zunächst an den Platz der früheren Hüle (mit Gedenkstein). Weiter geht es Richtung Kirche (mit Stauferstele), zu der wir auf die Straße in Richtung Hütten nach links abbiegen (ein Besuch der St. Oswaldkirche ist empfehlenswert). Hier sind wir wieder auf dem HW7, dem wir weiter folgen und die Straße nach Hütten halb rechts verlassen. Vom Sportplatz sehen wir schon den Sandburren. Dort befindet sich der erste Hochbehälter der Albwasserversorgung, den wir über ein paar wackelige Stufen erklimmen, und auf dem wir noch die früheren Zu- und Abflüsse erkennen können. Dort ist auch ein schöner Rastplatz. Wir gehen noch ein kurzes Stück auf dem HW7, dann biegen wir nach links ab. Es geht immer geradeaus, bis wir die Landstraße erreichen, die wir überqueren und nach einer kurzen Wegstrecke nach links verlassen. Ein Stück geht es wieder geradeaus, bis wir am Waldrand nach rechts abbiegen und uns mit einem folgenden rechts-links Haken talwärts orientieren. An einigen Stellen ist vor allem bei Nässe Trittsicherheit gefordert.

Bevor wir das Heimatmuseum in Hütten erreichen, lohnt sich auch noch ein Abstecher zur Kirche. Einkehrmöglichkeit gibt es in Hütten gleich gegenüber dem Museum; die Rückfahrt ist wieder je nach Wochentag und Tageszeit mit den obengenannten Linien für Bus oder Zug möglich.

---

1 wegen Führung: http://www.schelklingen.de/,Lde/Home/Stadtteile/Teuringshofen.html

KEINE ZEIT FÜR MICH IST ECHT SCHÖN.
Dank der DING Tageskarte Gruppe im Gesamtnetz.
Jetzt auf DING umsteigen,
und mit bis zu 5 Personen dort hin, wo was los ist! Mehr unter www.ding.eu und auf Facebook.
DING
Einfach besser fahren
attacke.love

Justingen
Hausen ob
Sandburren
762
Hütten
Sondernach
Schmiechen
Ennahofen

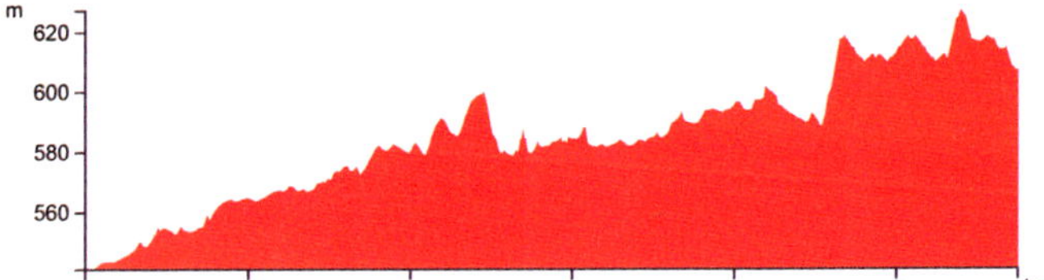
m
620
600
580
560
0
2
4
6
8
10
km

2 Das Schmiechtal hinauf

Das Wichtigste in Kürze:

Start	Schelklingen-Schmiechen
Ende	Schelklingen-Schmiechen
Länge	11,5 km
Summe aller Anstiege	90 m
Summe aller Abstiege	25 m
Wanderkarte 1:35.000	von SAV/LGL; Blatt 26

Der Beginn dieser Wanderung ist am Haltepunkt Schmiechen, der mit ÖPNV über die Bahnstrecke Ulm - Ehingen (DING-Linie R3) erreicht wird.

Die Wanderung führt uns zunächst dem blauen Dreieck folgend durch Schmiechen. An deren Ende befindet sich auf der linken Straßenseite die Heilig-Kreuz-Kapelle, die durch ihre schönen goldenen Verzierungen auffällt. Ein Stück nach dem Ortsende halten wir uns leicht rechts. Der Weg folgt dann danach eine Weile der Bahnstrecke; links vom Weg sind die ‚Lutherischen Berge'. Diese gehörten schon in der Zeit nach der Reformation zu Württemberg, und die Menschen wurden somit evangelisch. Ehingen, Schelklingen und Teile des Schmiechtals waren hingegen Teil von Vorderösterreich und somit katholisch. An einer Wegkreuzung treffen wir auf den Schwäbische-Alb-Südrandweg (HW2) mit seiner Markierung (rotes Dreieck), dem wir eine Weile folgen. Schauen wir nach links oben, dann sehen wir das Schloss Neusteußlingen, das schön über dem Schmiechtal liegt (und sich in Privatbesitzt befindet). Auf der anderen Talseite liegt Teuringshofen, in der wir das nahe der Schmiech gelegene ehemalige Pumpwerk der Versorgungsgruppe VIII entdecken können und dem wir uns in der Wanderung 1 näher widmen. Weiter geht es, bis wir Talsteußlingen erreichen. Wir kommen am ehemaligen Gasthaus ‚Löwen' vorbei, in dem sich ein ‚Scheffelzimmer' befindet. Der Dichter Viktor von Scheffel verbrachte hier gelegentlich seinen Urlaub, wobei er gerne wandern und an der Schmiech angeln ging. Schräg gegenüber befindet sich das Mühlrad der ehemaligen Getreidemühle, die wenige Meter dahinter liegt (Bild oben). Auf dem Weiterweg umgehen wir die Mühle (der Weg durch die Mühle ist privat) und folgen weiter dem HW2, zu dem sich wenig später der Schwäbische Alb-Oberschwabenweg (HW7) gesellt.

Wenig später erreichen wir Hütten (Bild Mitte). An der Brücke über die Schmiech ist eine Informationstafel, auf der das Wasserholen der Rossbauern erklärt wird. In Hütten befinden sich auch ein Informationszentrum des Biosphärengebiets und ein schönes Heimatmuseum. Der HW7 verlässt uns in nördliche Richtung, und wir folgen dem HW2 weiter nach Sondernach. Hinter dem Haltepunkt überqueren wir die Bahnstrecke und gehen durch das Dorf zurück Richtung Schmiech. Etwas unerwartet und ohne Markierung biegt der Weg nach Gundershofen am Ortsende links ab. Es lohnt sich aber, noch wenige Meter geradeaus bis zur Riedmühle mit ihrem morbiden Charme und reichlich Fotomotiven zu gehen (Bild unten). Weiter in Richtung Gundershofen gibt es wenig später einen Abzweig hinunter zum (neuen) Pumpwerk der Versorgungsgruppe IX mit ihrem Quellgebiet am ‚Schwarzen Weiher'. Wir folgen unserem Weg weiter, wobei wir an einer Weggabelung leicht nach rechts abbiegen. Am Ortseingang von Gundershofen liegt ein Ziegenstall. Aus der dort produzierten Ziegenmilch werden in einer kleinen Manufaktur im Ort Seifen hergestellt. Von Gundershofen fahren wir dann mit dem Bus (DING-Linie 333) nach Schmiechen zurück. Dort oder unterwegs in Hütten können wir einkehren.

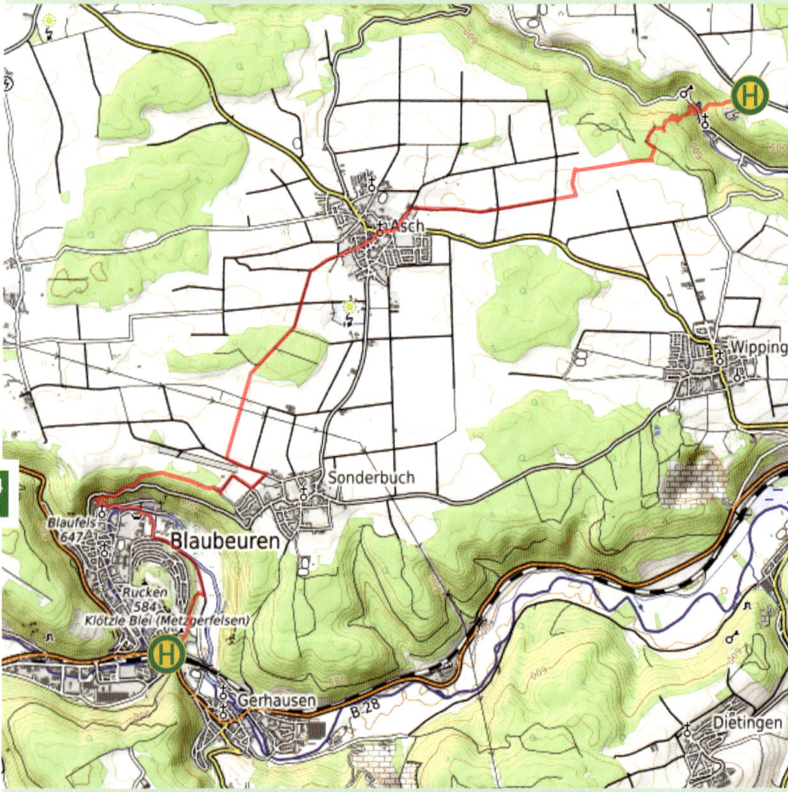
Asch
Wippinge
Sonderbuch
Blaufels
647
Blaubeuren
Rucken
584
Klötzle Blei (Metzgerfelsen)
Gerhausen
B 28
Dietingen

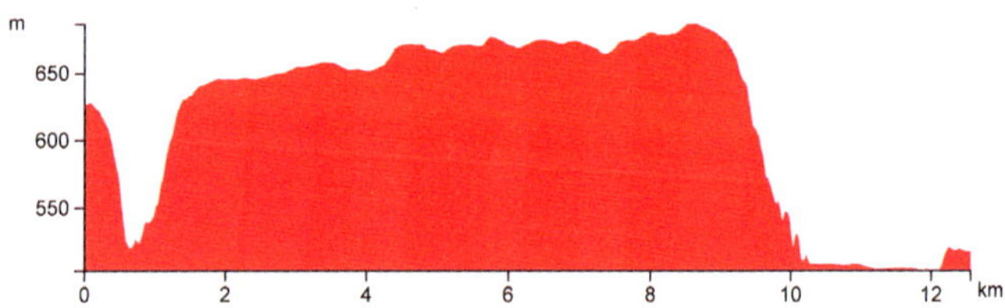
m
650
600
550
0
2
4
6
8
10
12
km

3 Entdeckungstour zwischen Weidach und Blaubeuren

Das Wichtigste in Kürze:

Start	Blaustein-Hohenstein
Ende	Blaubeuren
Länge	13 km
Summe aller Anstiege	180 m
Summe aller Abstiege	295 m
Wanderkarte 1:35.000	von SAV/LGL; Blatt 20

Der Ausgangspunkt dieser Wanderung ist die Bushaltestelle ‚Hohenstein' der DING-Linie 37. Alternativ kann auch (ggf. nach einer Übernachtung) die nahegelegene Weidacher Hütte des Schwäbischen Albvereins als Startpunkt gewählt werden.

Wir folgen der Markierung der roten Gabel und gehen hinüber zu einem Wald, durch den es erst allmählich und dann steiler (auch über Treppen) zum Weiler Lautern abwärts geht (Vorsicht bei Nässe!). Unten wenden wir uns nach rechts und stehen am ehemaligen Pumpwerk der Versorgungsgruppe IV.

Dahinter liegt der schöne Quelltopf der kleinen oder ,Blaubeurer Lauter'. Wer Zeit und Interesse hat, sollte ein kurzes Stück die Straße hinab gehen und die romanische Kirche ,Zu Unserer Lieben Frau' besuchen, die eine der ältesten Kirchen an der Schwäbischen Alb ist.

Zurück zur Wanderung. Wir folgen weiter der roten Gabel und wandern den Hangwald hinauf. Oben angelangt führt uns die rote Gabel nach Asch; unterwegs kommen wir an ,Baiers Hüle' (Bild oben) vorbei, die vom Albverein in Asch gepflegt wird. In Asch gibt es einen Ventilbrunnen aus der Anfangszeit der Albwasserversorgung sowie in der Ortsmitte die frisch renovierte Hüle zu sehen (hier bietet sich auch eine Rast an). Über den ,Seißer Weg' verlassen wir Asch Richtung Sonderbuch. Um den dortigen Flugplatz machen wir eine Schleife, bevor wir den Waldrand mit dem Weg nach Blaubeuren erreichen. Gegenüber dem Flugplatzgebäude können wir noch einen (eingezäunten) Hochbehälter der Versorgungsgruppe III mit altem Schachthäuschen entdecken. Weiter geht es dann über einen Grillplatz an der Kante entlang, bis der Weg links abwärts nach Blaubeuren abzweigt. Auch bei diesem Abstieg ist Vorsicht angesagt. Unten erwartet uns der schöne aber meist gutbesuchte Blautopf (Bild mitte), in dessen unmittelbarer Nähe das Denkmal der Albwasserversorgung (Bild unten) und das ehemalige Pumpwerk der Versorgungsgruppe III liegen. Markierungslos geht es dann auf der westlichen Seite des Blautals zum Naturfreundehaus (Einkehr) und von dort zum Bahnhof.

Als Alternative kann man auch durch Blaubeuren mit seinen Sehenswürdigkeiten und Einkehrmöglichen zum Bahnhof wandern. Zurück zum Ausgangspunkt gelangen wir vom Bahnhof mit dem Zug (DING-Linie R3) nach Blaustein und weiter mit dem Bus nach Hohenstein (DING-Linie 37).

ALBWASSERVERSORGUNG
BEGONNEN 1870 UNTER KÖNIG KARL VON WÜRTTEMBERG
BAUDIREKTOR DR. KARL VON EHMANN
STAATSTECHNIKER
VON 1869 – 1889
DEN SCHÖPFERN DER ALBWASSERVERSORGUNG UND
VIELER ANDERER WASSERWERKE IN WÜRTTEMBERG
DEN DREI VERDIENSTVOLLEN STAATSTECHNIKERN FÜR
DAS ÖFFENTLICHE WASSERVERSORGUNGSWESEN
GEWIDMET 1950

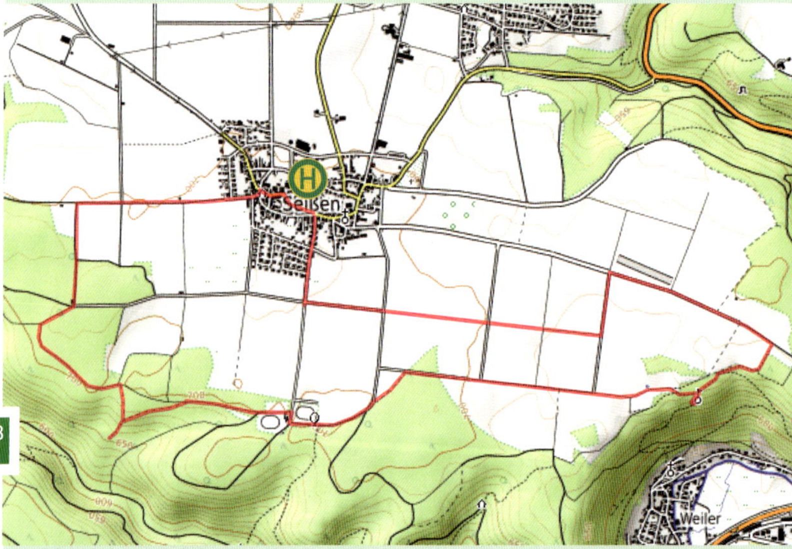
Weiler

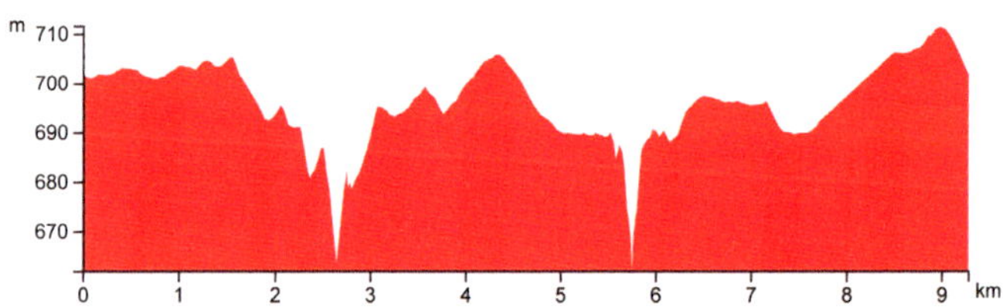
m
710
700
690
680
670
0
1
2
3
4
5
6
7
8
9
km

4 Kleine Runde um Seissen

Das Wichtigste in Kürze:

Start	Blaubeuren-Seissen
Ende	Blaubeuren-Seissen
Länge	9,5 km
Summe aller Anstiege	95 m
Summe aller Abstiege	95 m
Wanderkarte 1:35.000	von SAV/LGL; Blatt 20

Wir beginnen die Wanderung nahe dem Rathaus in Seißen, das mit dem Bus über die DING-Linie 365 (Haltestelle ‚Backhaus') erreichbar ist. Sie kann auch bequem als Halbtagestour durchgeführt werden.

Seißen liegt nicht auf Karstgestein, sondern auf Molasse. So hatte Seißen in früherer Zeit weniger Probleme mit der Wasserversorgung. Es gab eine Reihe von Brunnen, die in Seißen zur Wasserversorgung verwendet werden konnten. Gleich gegenüber dem Rathaus befindet sich der Rathausbrunnen, der wohl das schönste Beispiel für diese Brunnen darstellt.

Wir wandern in westliche Richtung aus Seißen heraus und kommen zunächst an der wiederhergestellten Hüle vorbei (Bild oben). An der nächsten Bushaltestelle halten wir uns halblinks und verlassen allmählich Seißen. Hinter der Ortschaft kommt dann auf unseren Weg von rechts ein Weg mit der Markierung der gelben Gabel. Wir wandern noch ein kurzes Stück geradeaus, dann biegt unser Weg (jetzt auch mit der gelben Gabel) nach links. Wir folgen dem Weg in und durch den Wald sowie dem Abzweig zum Impferenstein nach rechts. An diesem können wir einen schönen Blick hinab auf das Tiefental genießen. Weiter geht es der gelben Gabel nach und am Seißener Sportplatz vorbei, bis wir an der Bettelbuche auf den Schwäbische-Alb-Südrandweg (HW2) stoßen. Wir bleiben auf diesem oben und wandern zwischen Feld und Wald weiter und später am Naturdenkmal der ‚Schinderhüle' vorbei. Kurz danach biegt der Weg nach rechts ab und führt uns zur Ruine der Günzelburg (Bild Mitte). Von dieser ist nicht mehr allzu viel übrig, wir können sie aber über ein paar Stufen erklimmen. Belohnt werden wir mit einer beeindruckenden Aussicht auf das Achtal. Zurück geht es dann wieder zum Waldrand. Hier biegt auch der Weg in das Felsenlabyrinth hinab, und wer Zeit, Lust sowie die nötige Trittsicherheit hat, kann an dieser Stelle die Wanderung für viele schöne Eindrücke verlängern (Umkehr nicht vergessen!).

Wir bleiben (oder kommen wieder nach) oben und wandern ein Stück weiter, bis wir auf einen breiten Weg stoßen, dem wir nach links folgen. Wir gelangen zum Ultraleicht-Flugplatz und orientieren uns dort links und wieder rechts und wandern auf Wegen über das offene Feld in Richtung zum Wasserspeicher der Albwasserversorgung mit seinem noch erhaltenen Schachthäuschen. Den Wasserbehälter kann man auch (etwas mühsam) besteigen. Von dort geht es dann wieder zurück zum nahen Seißen (Bild unten) Richtung Rathaus zum Parkplatz oder zur Bushaltestelle.

Es gibt zwei Einkehrmöglichkeiten in Seißen. An einer kommen wir vorbei; zur anderen führt eine Straße vom Rat- bzw. Schulhaus in Richtung des Ultraleicht-Flugplatzes. Nahe dem Rathaus ist auch wieder die Bushaltestelle für die Linie 365.

Berghülen
Bühlenhausen
L 1230

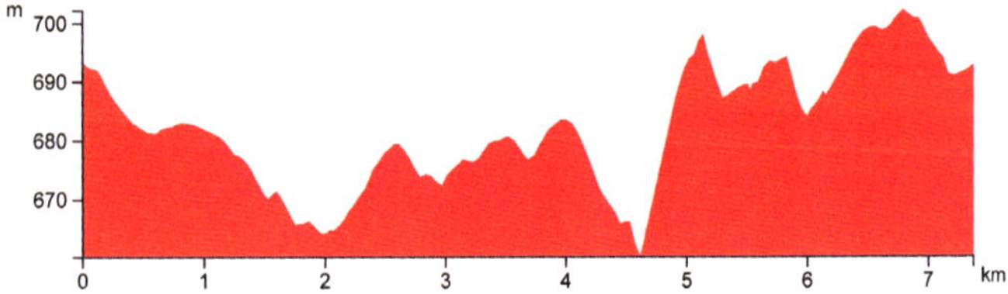
m
700
690
680
670
0
1
2
3
4
5
6
7
km

5 Hülehopping bei Berghülen

Das Wichtigste in Kürze:

Start	Berghülen
Ende	Berghülen
Länge	7,5 km
Summe aller Anstiege	45 m
Summe aller Abstiege	45 m
Wanderkarte 1:35.000	von SAV/LGL; Blatt 20

Anfang und Ende dieser kurzen Wanderung (die von der Länge her eigentlich eher ein Spaziergang ist) ist in Berghülen (Haltestelle ‚Rathaus'), zu dem wir auch mit dem Bus (DING-Linien 30 und 366) gelangen können.

Von der Kirche (Parkmöglichkeit bzw. nahe gelegene Bushaltestelle) folgen wir zunächst der Markierung mit der gelben Gabel der Landstraße Richtung Bühlenhausen bis zur neu angelegten Hüle (Bild oben). Danach zweigt unser Weg mit der gelben Gabel an der Bushaltestelle (Abzweigung Treffensbuch) nach links und führt uns parallel zur Landstraße nach Bühlenhausen. Wir kommen zur dortigen Dorfhüle (Bild Mitte), neben der sich auch noch ein Ventilbrunnen aus der Frühzeit der Albwasserversorgung befindet. Wir folgen der Straße noch ein kurzes Stück und gelangen zur evangelischen Pfarrkirche ‚zum heiligen Veit'. Diese ist meist verschlossen; sollte sie geöffnet sein, lohnt sich ein Besuch mit der Besichtigung der Fresken der klugen und törichten Jungfrauen aus dem Jahr 1477. Hinter der Kirche biegen wir links ab und stoßen gleich auf einen mit gelbem Dreieck markierten Weg, dem wir nach rechts folgen. An der Kreuzung mit dem Radweg von Treffensbuch wandern wir weiter geradeaus, bis wir am Waldrand links abbiegen. Von dort gelangen wir zur schön gelegenen ‚Haldenhüle' (Bild unten), die vom Albverein in Berghülen gepflegt wird. Wir bleiben noch ein kurzes Stück am

Waldrand, machen über Feldwege zwei links-rechts-Kombinationen und erreichen wieder den Radweg von Treffensbuch nach Berghülen. Kurz vor Berghülen liegt rechts eingezäunt zwischen Gärten die ‚Oberweiler Hüle'. Jetzt ist es nicht mehr weit bis zu unserem Ausgangs- und Endpunkt. Und auch in Berghülen lohnt sich ein Besuch der evangelischen Pfarrkirche ‚zum heiligen Laurentius' aus dem Jahr 1504 mit einer Rokokoorgel aus dem Jahr 1784 sowie einer schön bemalten Kassettendecke.

Einkehren kann man z.B. in zwei bekannten Gasthöfen in Berghülen. In beiden bekommt man auch den Schlüssel für die Kirche, falls diese (wie meistens) verschlossen ist. Für an Kirchen interessierte Wanderer, die mit dem Pkw unterwegs sind, bietet sich noch ein Abstecher nach Treffensbuch an. Die Kirche ‚Sankt Christoph und Margarethe' wurde 1142 erbaut und ist eine der ältesten Kirchen in Württemberg.

Falls wir mit dem Bus unterwegs sind: Die Rückfahrt erfolgt wieder mit den obenstehenden Linien.

Bläsiberg
700
Kirchweihbuckel
742
Papiermühle
L 1200
Wiesensteig
Todsburg
Ulmer Fels
Eselhöfe
Kölleshöfe
Lämmerbuckel

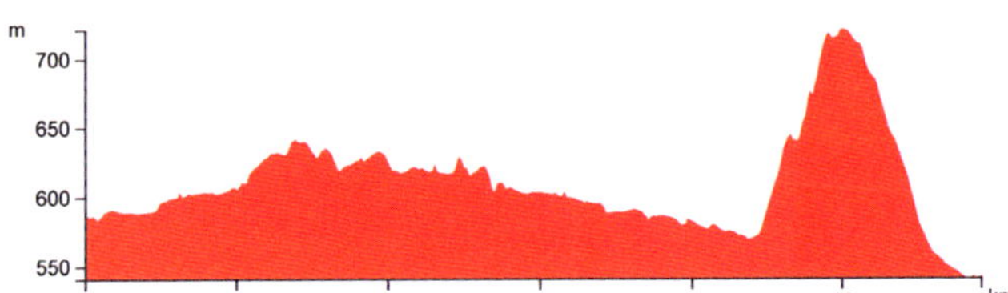
m
700
650
600
550
0
2
4
6
8
10
km

6 Wasserversorgung zwischen Autobahn und Neubaustrecke

Das Wichtigste in Kürze:

Start	Wiesensteig
Ende	Mühlhausen
Länge	12 km
Summe aller Anstiege	220 m
Summe aller Abstiege	260 m
Wanderkarte 1:35.000	von SAV/LGL; Blatt 20

Mit öffentlichen Verkehrsmitteln wird unser Startpunkt in Wiesensteig (Haltestelle ‚Rathaus‘) von Geislingen (Steige) mit dem Bus (filsland-Linie 56) erreicht.

Wir starten am Marktplatz der kleinen Stadt, an dem es einige schöne Fachwerkhäuser sowie den Elefantenbrunnen gibt. Dieser stellt das Wappentier der früheren Stadtherren, der Grafen von Helfenstein, dar.

Wir machen zunächst einen Abstecher zum Filsursprung, zu dem wir auf dem Hauptwanderweg 7 (HW7) über die ‚Papiermühle' gelangen. Ab der Papiermühle wählen wir dann den östlich der Fils laufenden Weg bis zum Filsursprung (Bild oben). An diesem wechseln wir auf die westliche Seite der Fils und wandern auf einem schmalen Weg zurück zur Papiermühle und von dort wieder auf dem HW7 zum Marktplatz in Wiesensteig.

Dort laufen wir die Hauptstraße ein Stück abwärts bis zum früheren Schloss der Helfensteiner aus dem 16. Jahrhundert. Wir gehen durch das Tor in den Hof und überqueren von dort die Fils. An der Straße angelangt folgen wir der roten Raute, die uns dann allmählich über die Sommerbergstraße und die Bergstraße aus Wiesensteig hinausführt. Am Ende der Bergstraße wenden wir uns nach links und dann nach rechts die Sterneckbergstraße hinauf. Diese geht dann in einen Weg über, der mit einer schönen Aussicht hinauf zum Rechberg führt. Die Autobahn A8 Stuttgart – Ulm bestimmt zwar die gegenüberliegende Seite des Filstals, doch steht die dem Gelände angepasste Trassierung dieses Albaufstiegs mit seinen interessanten Brücken in starkem Gegensatz zu der dominanten Streckenführung der Neubaustrecke der DB. Hinter dem Waldrand (mit Tor) halten wir uns links und wandern weiter den Berg hinauf. Auf der Höhe verlassen wir den Weg mit der roten Raute und biegen nach rechts hinunter in Richtung Mühlhausen ab. Ein Stück abwärts biegen wir nach rechts ab und kommen dann bald zu Hochbehälter und Pumpwerk der Versorgungsgruppe II (Bilder Mitte und unten).

In Mühlhausen orientieren wir uns weiter Richtung Kirche und dort nach rechts. An der Feuerwehr befindet sich die Haltestelle der filsland-Linie 56, von wo aus uns ein Bus in wenigen Minuten zurück nach Wiesensteig bringt. Dort gibt es auch Einkehrmöglichkeiten.

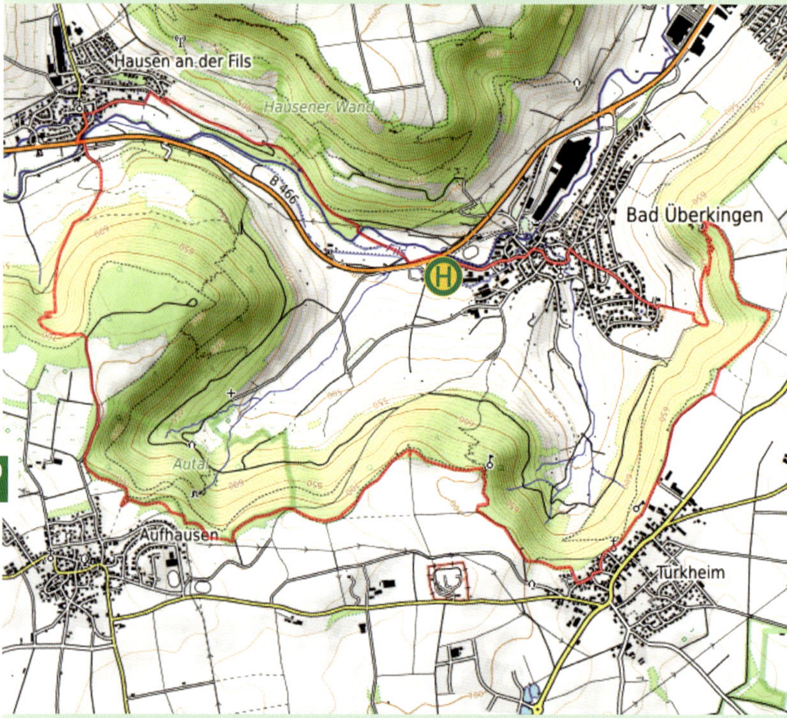
Hausen an der Fils
Hausener Wand
B 466
Fils
Bad Überkingen
Autal
Aufhausen
Türkheim

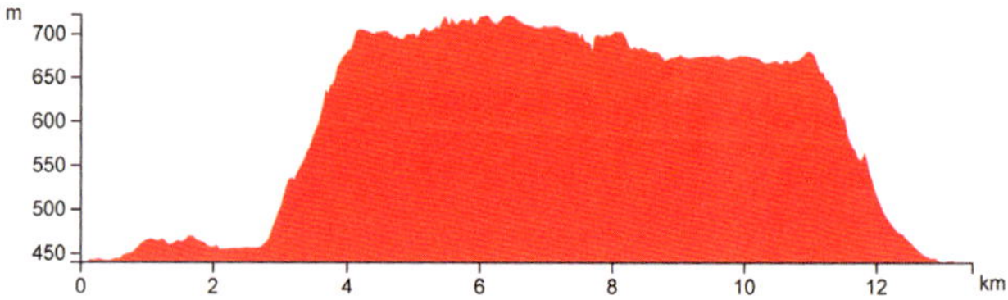
m
700
650
600
550
500
450
0
2
4
6
8
10
12
km

7 Bad Überkinger Runde

Das Wichtigste in Kürze:

Start	Bad Überkingen
Ende	Bad Überkingen
Länge	13,5 km
Summe aller Anstiege	300 m
Summe aller Abstiege	300 m
Wanderkarte 1:35.000	von SAV/LGL; Blatt 20

Ausgangs- und Endpunkt dieser Wanderung ist die Autalhalle in Bad Überkingen, zu der man mit dem Bus von Geislingen (filsland-Linie 56) gelangt.

An der Halle unterqueren wir die Bundesstraße und laufen hinter dieser links zu einer kleinen Wegspinne (weiter an der Bundesstraße entlang geht es zum Tor des alten und neuen Pumpwerks der Versorgungsgruppe V).

An dieser biegen wir halbrechts ab und wandern in nordwestliche Richtung. Am Waldrand stoßen wir auf den Radweg von Bad Überkingen nach Hausen, dem wir nach links folgen. Kurz vor Hausen an der Fils erkennen wir links in einer Wiese vor dem Sportplatz die (neue) Pumpstation für Oberböhringen. In Hausen halten wir uns links (wer will, kann auch einen kurzen Abstecher an das Stauwehr der Fils machen) und überqueren die Bundesstraße. Auf deren anderer Seite folgen wir der Markierung der roten Raute, die uns allmählich steiler ansteigend nach oben bringt.

Oben angelangt wandern wir der roten Gabel entlang Richtung Aufhausen. Wer eine deutlich kürzere Wanderung bevorzugt, kann kurz vor Aufhausen nach links durch das Autal über die Wasserfälle wieder zu unserem Ausgangspunkt zurückkehren (rote Raute). Wer weiter geht, kann mit einem kurzen Abstecher nach rechts in den Ort (auch mit roter Raute) am Platz der ehemaligen Hüle einen schönen Ventilbrunnen anschauen (Bild oben). Zurück auf unserem Wanderweg wandern wir wieder der roten Gabel am Albtrauf entlang nach Türkheim (Bild Mitte; Abstecher zur gleich am Weg liegenden Kirche und der umliegenden Häusergruppe empfehlenswert). Dem Weg mit der roten Gabel folgen wir dem Trauf entlang (immer wieder mit schönen Ausblicken) weiter bis zum Kahlenstein (Bild unten). Von dort genießen wir zunächst die schöne Aussicht auf das Filstal, bevor wir mit etwas Vorsicht absteigen. Gleich unterhalb machen wir einen kurzen Abstecher nach rechts zum (verschlossenen) Kahlenloch, einer von ca. 50 Höhlen in der näheren Umgebung. Weiter geht es, bis wir nach rechts wieder auf dem Weg mit der roten Raute nach Bad Überkingen gelangen und uns linkshaltend zu unserem Ausgangspunkt an der Autalhalle zurück orientieren.

Einkehrmöglichkeiten gibt es in Bad Überkingen sowie in der Autalhalle. Von dort gelangen wir mit dem Bus der Filsland-Linie 56 zu unserem Ausgangspunkt zurück.

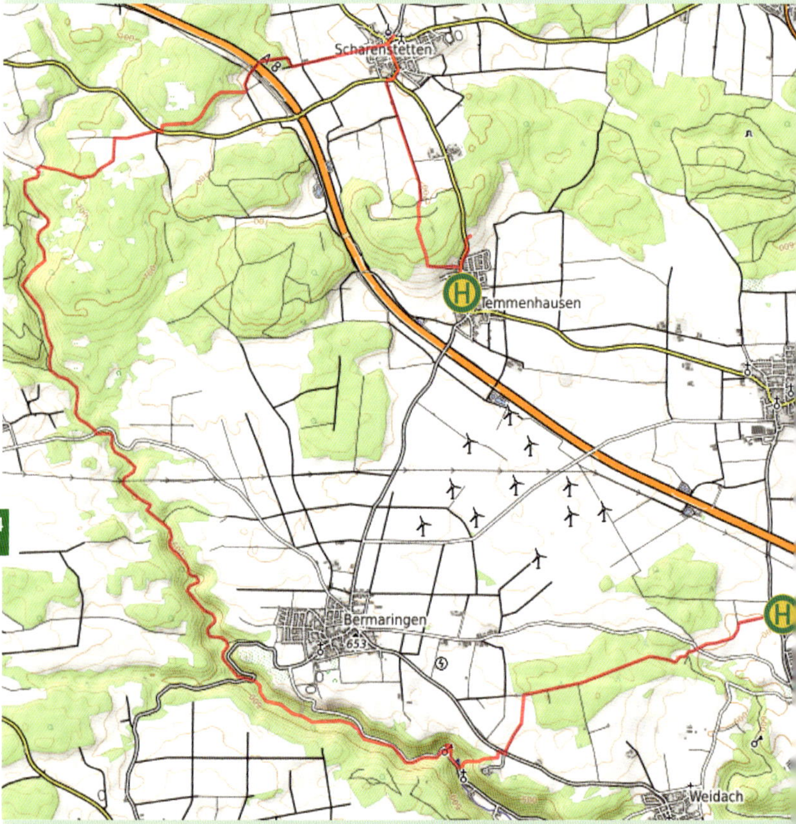
Scharenstetten
A8
Temmenhausen
Bermaringen
653
Weidach

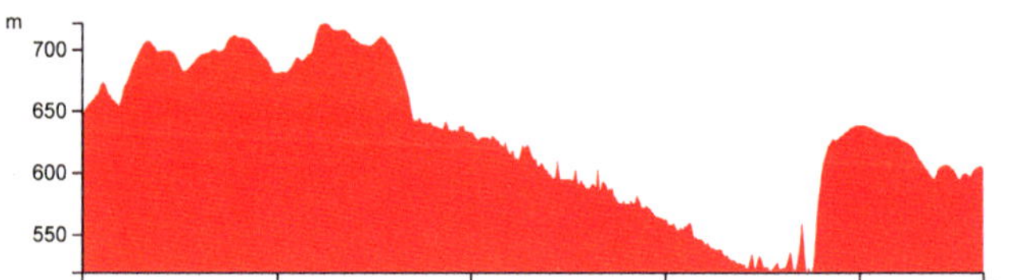
m
700
650
600
550
0
5
10
15
20
km

8 Durch Felder und Täler der Ulmer Alb

Das Wichtigste in Kürze:

Start	Dornstadt-Temmenhausen
Ende	Dornstadt-Böttingen
Länge	23,5 km
Summe aller Anstiege	275 m
Summe aller Abstiege	310 m
Wanderkarte 1:35.000	von SAV/LGL; Blatt 21

Eine Strecke für die Liebhaber einer längeren Wanderung, die mit öffentlichen Verkehrsmitteln über die DING-Linie 49 erschließbar ist. Auf dieser werden wir einige Erinnerungen der Versorgungsgruppe IV entdecken.

Wir beginnen in Temmenhausen (Haltestelle ‚Bergstraße'), wo wir uns zunächst am nördlichen Ortsende einen alten Hochbehälter mit Schachthäuschen anschauen können. Von dort geht es zurück Richtung Ortsmitte, rechts in die Schulstraße hinein und am Waldrand entlang. Hier genießen wir die schöne Aussicht und

biegen dann rechts auf den mit gelber Gabel markierten Jakobsweg. Wir erklimmen die hier ausgeprägtere Klifflinie der Schwäbischen Alb und wandern nach Scharenstetten. Die Klifflinie ist die frühere Brandungszone des Molassemeeres vor ca. 17 Millionen Jahren. Sie trennt auch die Flächenalb (wo wir gestartet sind) von der Kuppenalb (in die wir hinein wandern).

Heute interessiert uns der Wasserturm (Bild oben), den wir als unübersehbare Landmarke nicht verfehlen dürften. Den Ort verlassen wir in westliche Richtung auf einem Weg, der mit gelber Raute markiert ist. Wir überqueren auf einer neuen Brücke Autobahn und die Neubaustrecke der Bahn und folgen weiter der gelben Raute. Wir kreuzen eine Landstraße und erreichen an einer Hütte den Beginn eines Tales, dem wir in südliche Richtung abwärts folgen. Am ‚Hübschen Stein' erreichen wir das ‚Lange Tal' und wandern nun der gelben Gabel ins ‚Lautertal' (nur von der Lauter ist hier oft noch nichts zu sehen). Langsam aber sicher geht es abwärts, bis zum Weiler ‚Lautern', den wir von der Wanderung 3 her kennen. Hier befinden sich der Lauterursprung, das Pumpwerk der Versorgungsgruppe IV (Bild Mitte) und gleich nebenan eine urige Wirtschaft (Bild unten), in der wir uns bei einem Getränk etwas ausruhen können. Nicht zu lange, denn es steht uns noch ein Stück des Weges bevor. Gleich hinter dem Pumpwerk geht es der roten Gabel nach kräftig aufwärts. Oben überqueren wir eine Kreisstraße, hinter der wir unserer Markierung weiter folgend zu einem Wald gelangen. In diesen geht es rechts abbiegend hinein und der Länge nach hindurch. An dessen Ende erkennen wir unser Ziel: Die kleine Ortschaft Böttingen, die wir wenig später erreichen. Dort findet sich eine Einkehrmöglichkeit und eine Haltstelle der Linie 49, auf der wir wieder nach Temmenhausen oder zu unserem Ausgangspunkt zurückfahren können.

ALB-WASSER-VERSORGUNG.
4te GRUPPE
1874

Gasthaus zum Lamm

Bartholomä
Wollenberg
Königsbronn
Ochsen
Weikersberg
Zang
Itzelberg
Steinheim am Albuch

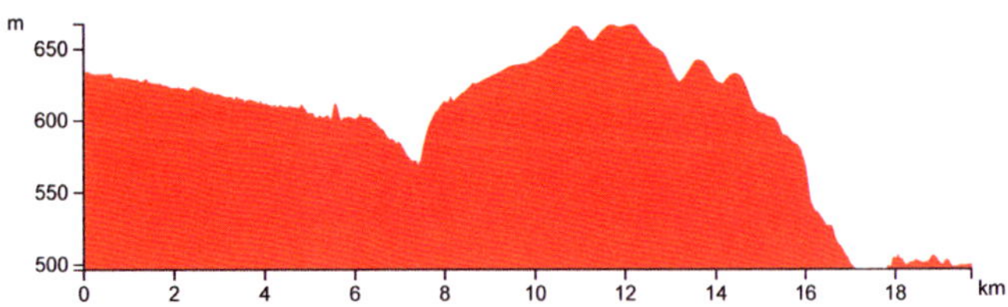
m
650
600
550
500
0
2
4
6
8
10
12
14
16
18
km

9 Quer durch den Albuch

Das Wichtigste in Kürze:

Start	Bartholomä
Ende	Königsbronn
Länge	19,5 km
Summe aller Anstiege	110 m
Summe aller Abstiege	240 m
Wanderkarte 1:35.000	von SAV/LGL; Blatt 14

Diese Wanderung beginnt in Bartholomä (nahe der Haltestelle ‚Hirschgasse'), von Aalen mit dem Bus über die ova-Linien 40 - 42 - 43 - 44 - 48 erreichbar. Wir verlassen den Ort in südwestlicher Richtung über den Wentalweg und folgen der Markierung mit dem gelben Dreieck. Alsbald erreichen wir den nördlichen Anfang des Wentals, an dem wir auch auf den Albschäferweg treffen.

Wir wandern durch das Felsenmeer (Bild oben), überqueren die Landstraße am Landhotel Wental und folgen dem Wental nun im Wald weiter auf dem Albschäferweg. Wir kommen an vielen interessanten Felsformationen mit schönen Namen wie ‚Spitzbubenstadel' und ‚Wentalweible' vorbei, bis wir das Steinhüttle (eine kleine Höhle) erreichen. Weiter geht es auf dem Albschäferweg, der wenig später links in das Doschental abzweigt. An der Schreiberhöhle verlassen wir den Albschäferweg und folgen weiter dem gelben Dreieck. Wenig später zweigt der Weg nach links ab. Kurz danach überqueren wir eine Straße und wandern durch den Wald weiter. An einer Wegspinne im ‚Eidarn' halten wir uns rechts und erreichen am Waldrand einen Wanderparkplatz. Von diesem geht es halbrechts über ein Feld zum Galgenberg. Hier folgen wir nach links der gelben Raute wieder durch den Wald bis zu einem Parkplatz südlich zur Waldsiedlung. Von hier folgen wir dem Weg hinunter nach Itzelberg, das wir wenig später erreichen. Nach dem Bahnübergang gelangen wir zum Itzelberger

See. Dort befindet sich rechts das auch heute noch im Betrieb befindliche Pumpwerk.

Wir wandern am westlichen Ufer des Itzelberger Sees weiter und kommen nach ca. 2 km nach Königsbronn.

In Königsbronn, der Wiege der württembergischen Eisenverhüttung, gibt es auf engem Raum viel Sehenswertes (www. kulturverein-koenigsbronn.de), das auch einen weiteren Besuch lohnt. Neben dem Brenzursprung (Bild Mitte) liegen Rathaus und das ehemalige Hammerwerk (Bild unten). Gegenüber ist das frühere Wohnhaus des Hitlerattentäters Georg Elser mit einer Gedenkstätte. Weiter unterhalb gibt es in einem kleinen Park schöne Gussepitaphen und die Reste des ehemaligen Klosters. Auch Einkehrmöglichen sind zu finden (empfehlenswert z.B. das Café ver-edelt (Mo, Di, Do geschlossen).

Die Rückfahrt nach Bartholomä erfolgt mit dem Zug von Itzelberg oder Königsbronn mit dem Zug nach Aalen und weiter mit den oben angegebenen Buslinien.

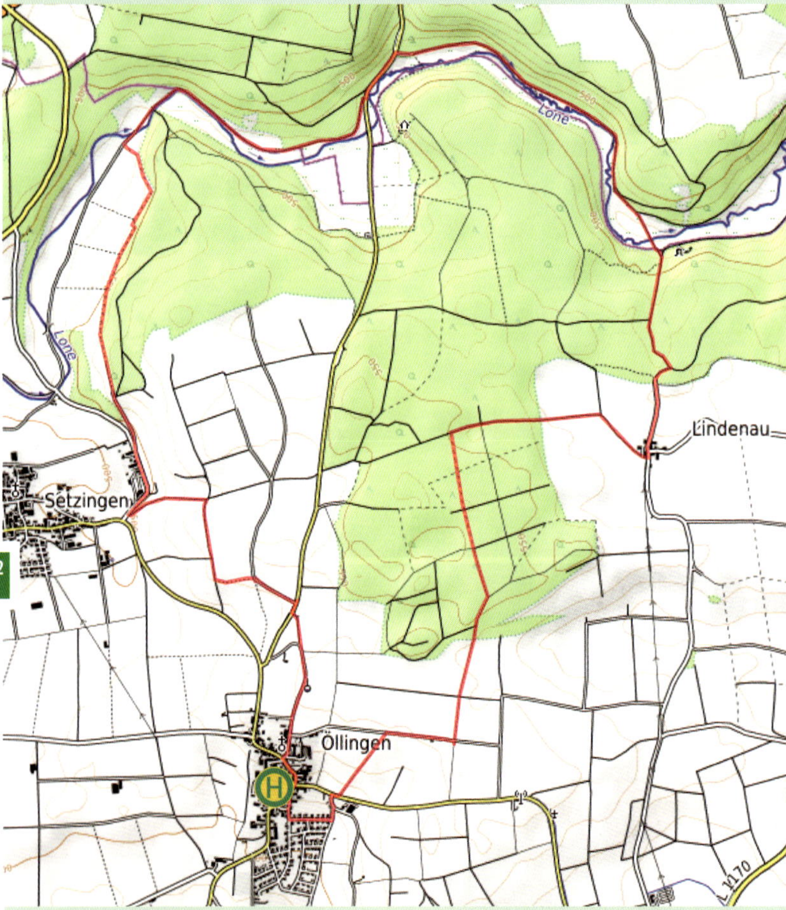
Lone
Lone
Lindenau
Setzingen
Öllingen
H
L 1170
500
550

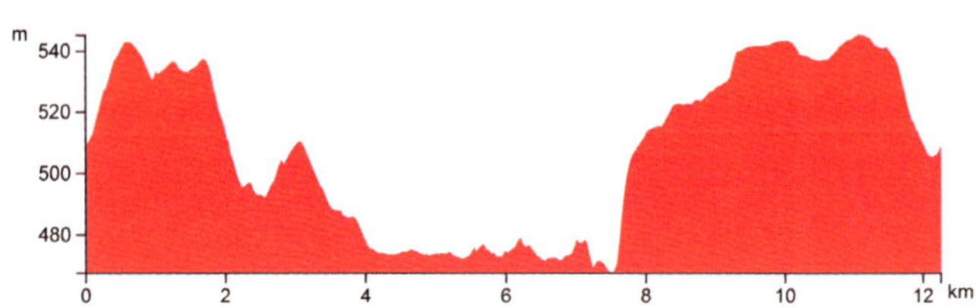
m
540
520
500
480
0
2
4
6
8
10
12
km

10 Von Öllingen ans Lonetal

Das Wichtigste in Kürze:

Start	Öllingen
Ende	Öllingen
Länge	12,5 km
Summe aller Anstiege	115 m
Summe aller Abstiege	115 m
Wanderkarte 1:35.000	von SAV/LGL; Blatt 21

Nach Öllingen, Start und Ende dieser Wanderung, kann von den Bahnhöfen in Ulm, Langenau und Niederstotzingen auch mit dem Bus (DING-Linie 59) kommen.

Öllingen (Wo isch au dees? Antwort: nordöstlich von Ulm!) wurde im 12. Jahrhundert erstmals erwähnt und besitzt mit der Ulrichskirche und dem markanten Wasserturm (von 1984) gleich zwei Erkennungszeichen. Kirche, Friedhof und Beinhaus mit der umgebenden Mauer bilden eine gut erhaltene wehrkirchenartige Anlage. Vor der Kirche befinden sich die alte Pumpstation von

1894 und ein Ventilbrunnen, dessen Oberteil noch aus dem 19. Jahrhundert stammt und früher vor dem Rathaus stand.

Wir verlassen Öllingen auf dem Schwäbische Alb-Südrandweg (HW2) über die Kirchstraße in nördliche Richtung. Am Wasserturm (Bild oben) vorbei erreichen wir die Kreisstraße, folgen dieser ein Stück und halten uns dann scharf links in Richtung Setzingen. Wir sind jetzt auf den Jakobsweg und folgen diesem ein Stück bis vor den Ortsrand von Setzingen. Dort biegen wir nach rechts ab und wandern dann auf dem Main-Donau-Bodensee-Weg (HW4) hinab zum Lonetal (Bild Mitte; nur von der Lone ist zeitweise nix zu sehen, da diese auf dem karstigen Boden versickert). In diesem gehen wir auf dem HW4 die Lone abwärts bis zum Hohlenstein (Bild unten). Der Hohlenstein besteht aus zwei Höhlen; im Hohlenstein-Stadel wurde mit dem Löwenmensch die älteste Tier-Mensch-Figur der Welt gefunden. Vom Hohlenstein folgen wir dem Weg aufwärts mit der roten Gabel in südlicher Richtung bis zur Lindenau, bei der an einem kleinen Schloss ein Biergarten zu einer vorgezogenen Einkehr lockt. Ab dort wandern wir wieder ein Stück auf dem HW2, bis wir in dem kleinen Wald ‚Grubenhau' nach links auf einen kleinen Waldweg abbiegen, dem wir bis zu seinem Ausgang aus dem Wald folgen. Am Waldrand erkennen wir schon wieder Öllingen, in südlicher Richtung erkennen wir den Sandberg mit seinen verschiedenen Wasserbehältern. Mit einem Schlenker erreichen wir wieder den Ort.

Einkehrmöglichkeiten gibt es auch in Öllingen. Von dort können wir bei Bedarf wieder mit der oben genannten Buslinie (DING-Linie 59) zurückfahren.

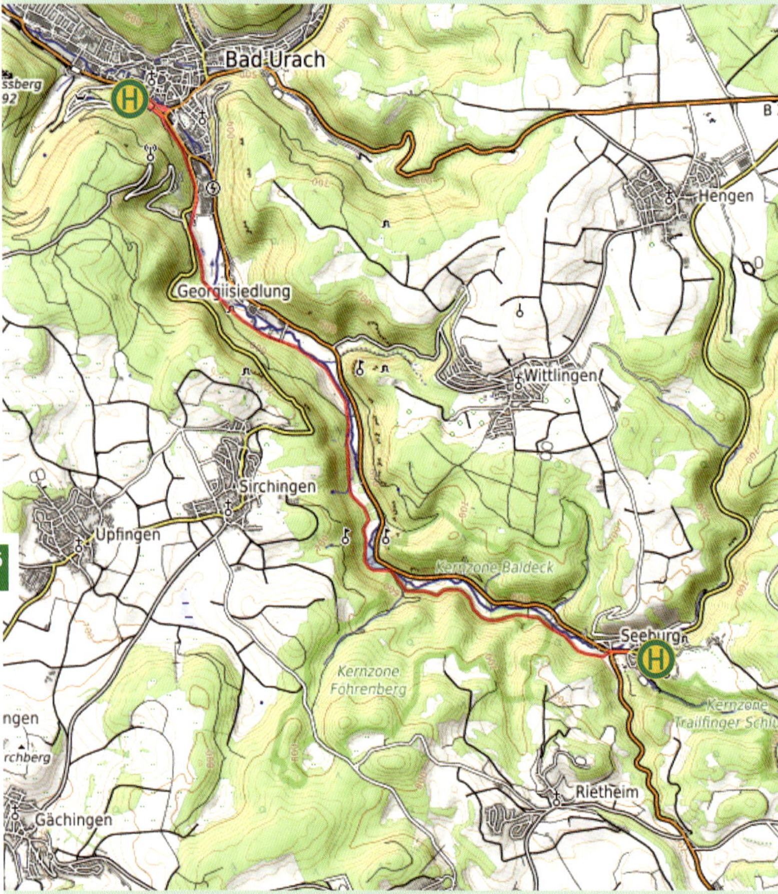
Bad Urach
Hengen
Georgiisiedlung
Wittlingen
Sirchingen
Upfingen
Kernzone Baldeck
Seeburg
Kernzone
Fohrenberg
Kernzone
Rietheim
Gächingen

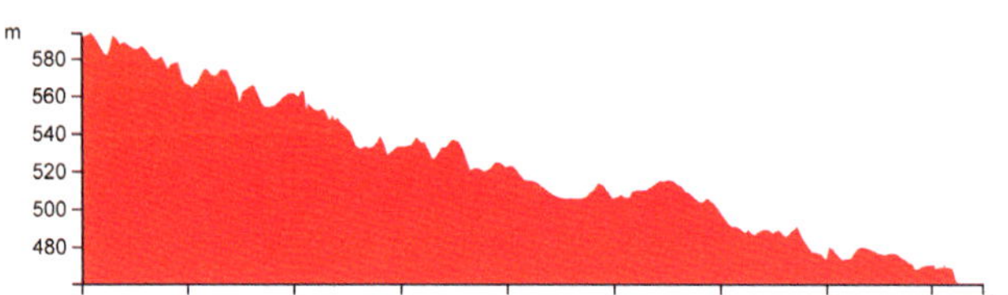
m
580
560
540
520
500
480
0
1
2
3
4
5
6
7
8
km

11 Das Ermstal zwischen Seeburg und Bad Urach

Das Wichtigste in Kürze:

Start	Bad Urach-Seeburg
Ende	Bad Urach
Länge	9 km
Summe aller Anstiege	25 m
Summe aller Abstiege	135 m
Wanderkarte 1:35.000	von SAV/LGL; Blatt 19

Unsere Wanderung startet in Seeburg, das über öffentliche Verkehrsmittel mit dem Bus (naldo-Linie X2) von Münsingen oder Bad Urach erreichbar ist.

Wem die angegebenen 9 km zu wenig sind, der kann zunächst in südöstliche Richtung den Weg mit dem gelben Dreieck die Erms aufwärts bis zu deren Ursprung (und wieder zurück) wandern (macht dann ca. 3 km mehr). Und in Seeburg sind auch die kleine Johanneskirche (so geöffnet) und die Blicke auf die Erms sehenswert.

Zur eigentlichen Wanderung überqueren wir die Bundesstraße an einer Ampel und wandern auf dem mit gelber Gabel markierten Weg (auch ‚Grüner Weg' genannt) in nordwestliche Richtung.

Ungefähr nach einem Kilometer zweigt nach rechts ein kurzer Weg ab, der zum Pumpwerk der Versorgungsgruppe XIII führt. Dieses können wir von außen betrachten (Bild oben). Es geht zurück auf den Weg mit der gelben Gabel und nach weiteren ca. 2 km kommen wir am Pumpwerk Enge (Bild Mitte) der Uracher Alb-Gruppe vorbei. Um dieses (heute noch in Betrieb befindliche) Werk mit der alten Kolbenpumpe anzuschauen, überqueren wir auf einer Brücke die Schmiech und laufen ein kurzes Stück an der Bundesstraße entlang.

Wieder zurück über die Erms setzen wir unsere Wanderung entlang der gelben Gabel fort. Wir kommen an einem großen Fischzuchtbetrieb vorbei (bei dem man auch einkaufen kann). Auf der anderen Talseite erkennen wir oben die Ruine Hohenwittlingen. Der Weg geht weiter an ehemaligen Mühlen (Georgenau) und Industrieansiedlungen vorbei. Kurz vor Bad Urach überqueren wir die Landstraße, die auf die Albhochfläche führt. Nach einem weiteren Kilometer erreichen wir dann den Haltepunkt der DB, an dem wir Bahnstrecke und Straße unterwandern. Unweit rechts befindet sich der Busbahnhof, der für uns später noch wichtig wird. Aber erst sollten wir die Gelegenheit nutzen, Bad Urach mit seinen zahlreichen Sehenswürdigkeiten (Bild unten) anzuschauen.

Einkehrmöglichkeit gibt es in Bad Urach oder Seeburg. Bei Anreise mit dem Pkw können wir dann vom Busbahnhof mit der Linie X2 nach Seeburg zurückfahren.

Alb-Wasser-Versorgung
Erms-Gruppe 13

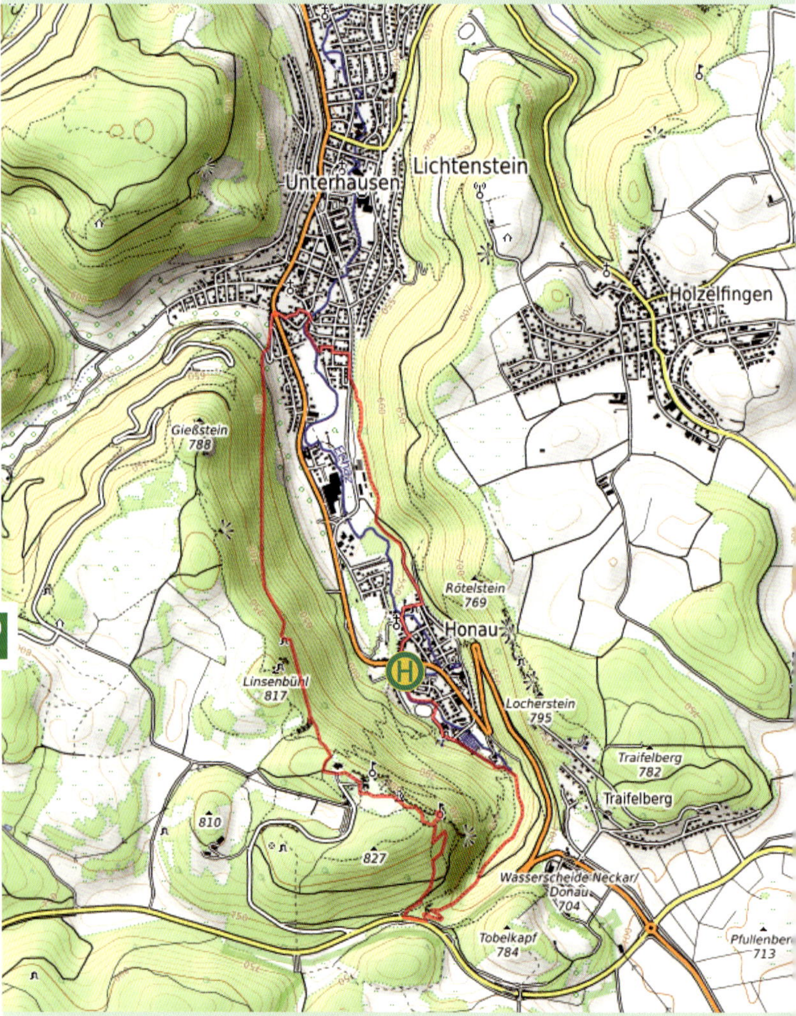
Lichtenstein
Unterhausen
Holzelfingen
Gießstein
788
Rötelstein
769
Honau
Linsenbühl
817
Locherstein
795
Traifelberg
782
Traifelberg
810
827
Wasserscheide Neckar/
Donau
704
Tobelkapf
784
713

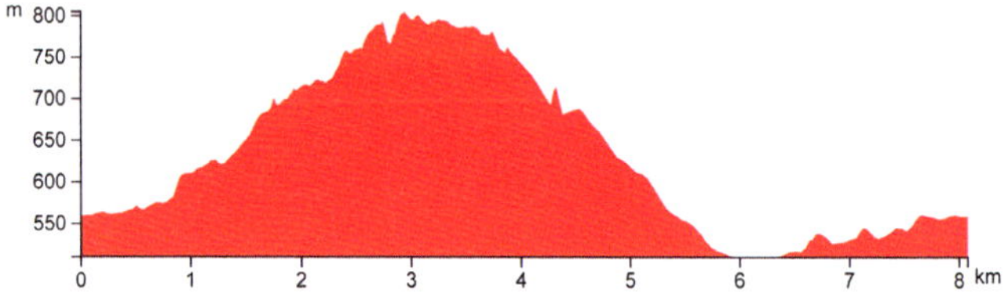
m
800
750
700
650
600
550
0
1
2
3
4
5
6
7
8
km

12 Rund um die Echazquelle

Das Wichtigste in Kürze:

Start	Lichtenstein-Honau
Ende	Lichtenstein-Honau
Länge	8,5 km
Summe aller Anstiege	300 m
Summe aller Abstiege	300 m
Wanderkarte 1:35.000	von SAV/LGL; Blatt 25

Unsere Wanderung startet in Honau, zu dem wir mit öffentlichen Verkehrsmitteln über die naldo-Buslinien 7606 (Reutlingen – Münsingen), 260 (Reutlingen – Hohenstein) und 400 (Reutlingen – Gammertingen) gelangen können.

Von der Ortsmitte mit Bushaltestelle bzw. Parkplatz wandern wir unterhalb des Lichtensteins an Fischteichen und dem früheren Pumpwerk für das Schloss Lichtenstein vorbei zur Echazquelle (Bild nächste Seite oben), die das Wasser für diese Versorgungsgruppe XIV geliefert hat.

Hinter dieser gibt es mehrere Varianten zum Aufstieg. Hier wählen wir die unterste durch den Tobel (blaues Dreieck), die nach dem ersten Aufstieg am Hang entlang weiter oben die Straße erreicht. Hier stoßen wir auch auf den Schwäbische-Alb-Nordrand-Weg (HW1. Diesem folgen wir ein kurzes Stück der Straße entlang und dann rechts abbiegend Richtung Schloss Lichtenstein. Wir kommen zunächst zur Ruine ‚Alter Lichtenstein', von der wir einen ersten Ausblick ins Echaztal sowie auf den Albtrauf zwischen Holzelfingen und Traifelberg genießen. Diese Gemeinden waren die Nutznießer dieser Versorgungsgruppe. Weiter geht unsere Wanderung zum ‚neuen' Schloss Lichtenstein. Vorher haben wir an der geologischen Pyramide mit dem Denkmal von Wilhelm Hauff den nächsten schönen Ausblick (Bild Mitte).

Weiter geht es am Schloss Lichtenstein (Bild unten) und dem Alten Forsthaus (vorzeitige Einkehr oder Stärkung möglich) vorbei. Danach folgen wir der der Markierung des blauen Dreiecks und wandern die Schlösslessteige hinab, die uns in die Ortschaft Lichtenstein führt. Dort überqueren wir zunächst die Bundesstraße und dann die Echaz, gehen vor bis zur Bahnhofstraße und biegen dort nach rechts. Wenig später erreichen wir eine Abzweigung nach links. Dort biegen wir ab und wählen nach wenigen Metern den etwas oberhalb führenden Pfad nach rechts, dem wir jetzt folgen. Kurz danach erkennen wir rechts den ehemaligen Bahnhof Honau der früheren Bahnstrecke von Reutlingen nach Schelklingen. Wir folgen dem Weg bis Honau und kommen an der Olgahöhle vorbei, die nicht durch Verkarstung, sondern durch Kalkausfällung der Echaz entstanden ist. Von dieser geht es wieder zum Bushalt bzw. dem Parkplatz zurück.

Möglichkeiten zur Schlusseinkehr gibt es dort (vor allem für Liebhaber von Forellen).

Steingebronn
Offenhausen
Gomadingen
Sternberg
844
Marbach
700

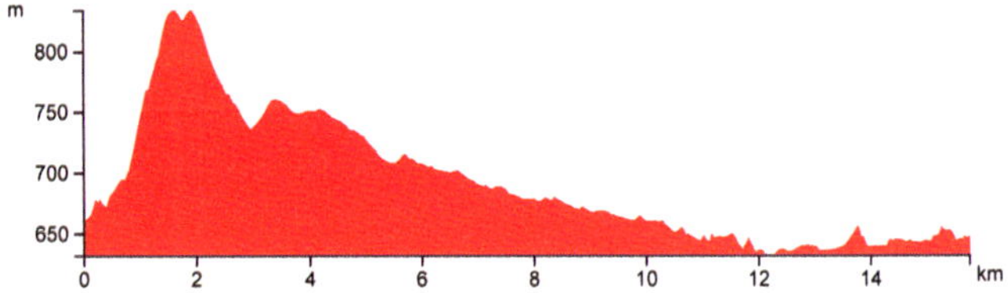
m
800
750
700
650
0
2
4
6
8
10
12
14
km

13 Wasser, Sternberg und Pralinen

Das Wichtigste in Kürze:

Start	Gomadingen-Offenhausen
Ende	Gomadingen-Marbach
Länge	16 km
Summe aller Anstiege	190 m
Summe aller Abstiege	210 m
Wanderkarte 1:35.000	von SAV/LGL; Blatt 25

Die Wanderung beginnen wir in Offenhausen Bahnhof, in das wir mit öffentlichen Verkehrsmitteln mit dem Bus (DB BAHN Regio Alb-Bodensee Linie 7606) oder der Schwäbischen Albbahn (DING-Linie R31) fahren können.

In Offenhausen lohnt sich zunächst ein Besuch des ehemaligen Klosters mit dem Kräutergarten sowie des Ursprungs der Großen Lauter mit dem anschließenden kleinen Kraftwerk (Bilder oben und Mitte). Danach wenden wir uns östlich und steigen über den Burgenweg aufwärts zum Sternberg. Nach Querung der Kreisstraße wird der Weg spürbar steiler. Kurz vor Erreichen des Sternbergs können wir am Brünnele links abbiegen und zu einer schönen Aussicht gelangen (Bild unten). Wieder zurück erklimmen wir die letzten Meter hinauf zum Sternberg mit Wanderheim und Aussichtsturm des Schwäbischen Albvereins, die beide einen Besuch wert sind.

Weiter geht es auf dem Schwarzwald-Schwäbische Alb-Allgäu-Weg (HW5). Auf diesem steigen wir über eine schöne und artenreiche Wacholderheide ab, bis wir an einem Parkplatz nach links abzweigen und einem mit gelbem Dreieck markierten Weg weiter folgen. Auf diesem wandern wir quer über die Höhe bis zum Pfaffental, in das wir links (ohne Markierung) abbiegen. Beim Kreuzen der nächsten Kreisstraße müssen wir aufpassen: Es geht erst ein kurzes Stück nach links und dann weiter das Tal hinab!

Das Pfaffental endet im Lautertal in Wasserstetten. Kurz vorher kommen wir nahe dem neuen Pumpwerk der Wasserversorgung vorbei. Im Lautertal befand sich das nicht mehr existente alte Pumpwerk der Versorgungsgruppe XI. Wir überqueren die Lauter und wandern dann nach links die Lauter aufwärts wieder auf dem HW5 weiter. In Dapfen verlassen wir den HW5, halten uns an der Lauter entlang und kommen bald an einem bekannten Café vorbei, das auch Seifen und Pralinen anbietet (alles vorzüglich).

Wem eher nach einer normalen Einkehr gelüstet, muss noch etwas weiterwandern. Es geht an der nächsten Straße rechts hinauf, und nach ein paar Häusern kommen wir wieder auf den HW5, dem wir nach links abwärts ins Lautertal folgen. Dort verlässt uns der HW5; wir wandern weiter dem Lautertal entlang und erreichen bald den Bahnhof Marbach.

Hier ist gegenüber dem Bahnhof eine Einkehr im Gestütsgasthof möglich, und vom Bahnhof gelangen wir mit Bahn oder Bus über die oben genannten Verbindungen wieder nach Offenhausen bzw. Richtung Münsingen oder Reutlingen.

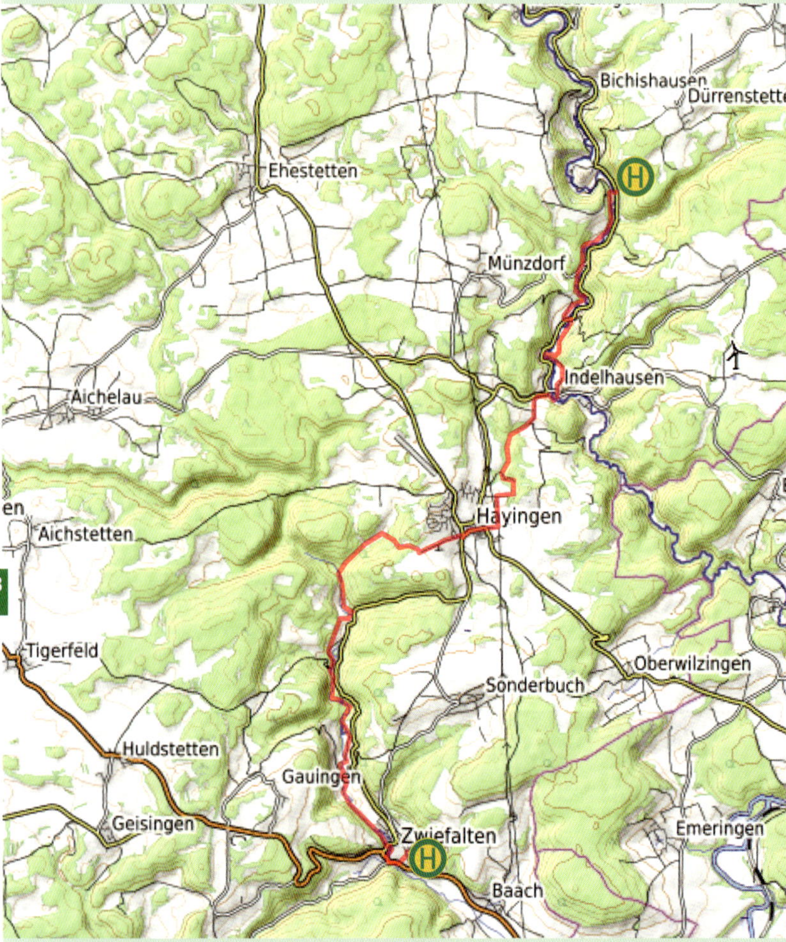

Bichishausen
Dürrenstette
Ehestetten
Münzdorf
Indelhausen
Aichelau
Hayingen
Aichstetten
Tigerfeld
Oberwilzingen
Sonderbuch
Huldstetten
Gauingen
Geisingen
Zwiefalten
Emeringen
Baach

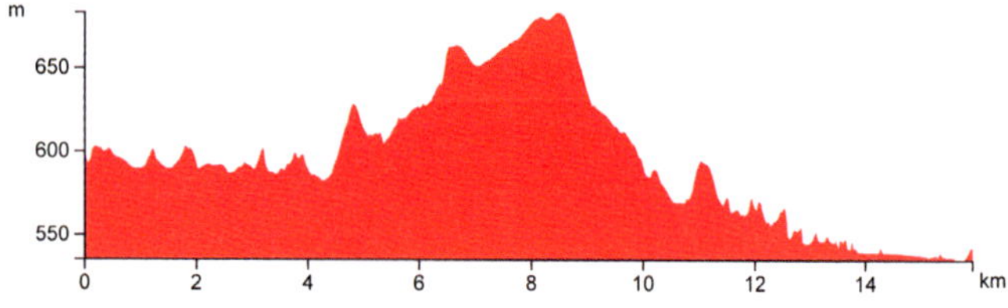

m
650
600
550
0
2
4
6
8
10
12
14
km

14 Fünf Täler für ein Halleluja

Das Wichtigste in Kürze:

Start	Münsingen-Wittstaig
Ende	Zwiefalten
Länge	16 km
Summe aller Anstiege	110 m
Summe aller Abstiege	170 m
Wanderkarte 1:35.000	von SAV/LGL; Blatt 26

Die Wanderung beginnt in Wittstaig, zu dem wir über die DING-Linie 265 mit dem Bus gelangen können. Am Startpunkt befindet sich auch das Pumpwerk der Versorgungsgruppe VI.

Wir überqueren die ‚Große Lauter' und folgen dem Weg durch das Lautertal (Tal 1) bis zur kleinen Ortschaft Weiler. Hier überqueren wir wieder die Lauter und folgen nunmehr dem Schwarzwald-Schwäbische-Alb-Allgäu-Weg (HW 5), der alternativ schon ab Wittstaig über die Höhe westlich des Lautertals gegangen werden kann. Wir wandern auf diesem bis Anhausen. Dort überqueren wir die Lauter ein letztes Mal und folgen nun ein Stück der gelben Gabel, deren Weg aber bald nach links abbiegt. Wir bleiben geradeaus und zweigen dann rechts ab ins Hayinger Tal (Tal 2). Wir durchqueren das Naturtheater (bei Vorstellungen gesperrt!) und halten uns Richtung Hayingen. In der Ortsmitte gehen wir in südwestliche Richtung und wandern dann auf einem Weg mit der Markierung der roten Gabel aus Hayingen hinaus. Wer statt der 16 km nur deren 9 km wandern will, kann auch hier in die Wanderung einsteigen (dann ist es halt eine 3-Tälerwanderung).

Ein Stück nach Hayingen zweigt der Weg halbrechts ab und führt uns in einem Bogen in das Schweiftal (Tal 3). An der Einmündung in das Glastal liegt rechts die etwas holprig besteigbare Ruine Alt-Ehrenfels. Wir biegen dann nach links ins Glastal (Tal

4) ein und befinden uns nun auf dem Schwäbische-Alb-Südrandweg (HW2), auf dem wir bis Zwiefalten wandern. Highlights unterwegs sind das Schloss Ehrenfels, die Wimsener Wasserfälle, die Friedrichshöhle (oder auch Wimsener Höhle), die auch Ursprung der Zwiefalter Aach ist, sowie die zugehörige Mühle. Ein Besuch der Höhle ist mit einem flachen Boot möglich. Dem Tal der Aach (Tal 5) folgen wir weiter und erreichen über Gossenzugen Zwiefalten. Bevor wir uns das dortige Pumpwerk der Versorgungsgruppe VII von außen anschauen, lohnt auf alle Fälle ein Gang um und in das barocke Kloster, in dem wir dann auch ein stilles Halleluja für die vollendete Wanderung loswerden können.

Rück- oder Weiterfahrt mit der Linie 265 ist an der Zwiefalter Haltestelle Rentalhalle. Einkehrmöglichkeiten sind in Zwiefalten (reichlich) und Wittstaig. Und auch eine Übernachtung im Albvereinsheim bei der Burg Derneck ist eine Überlegung wert.

Böttingen
L 438
Allenspacher Hof
er Berg
980

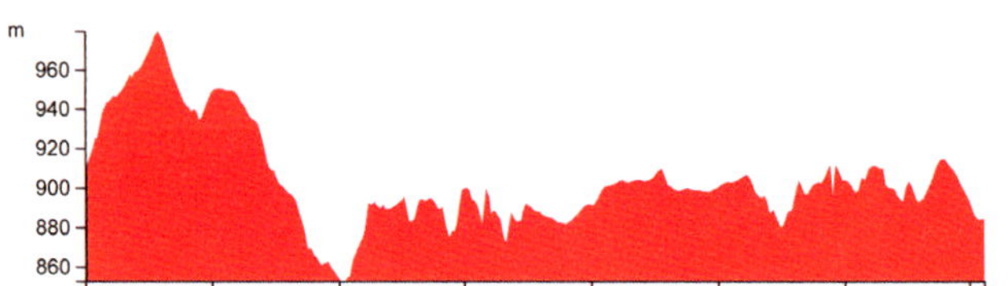

m
960
940
920
900
880
860
0
2
4
6
8
10
12
14
km

15 Entdeckungen auf dem Heuberg

Das Wichtigste in Kürze:

Start	Böttingen
Ende	Königsheim
Länge	14,5 km
Summe aller Anstiege	135 m
Summe aller Abstiege	160 m
Wanderkarte 1:35.000	von SAV/LGL; Blatt 29

Start dieser Wanderung ist in Böttingen (Haltestelle Ortsmitte), erreichbar von Spaichingen mit der Linie 230 (TUTticket) bzw. vom Bahnhof Mühlheim (Linie 250 mit Umsteigen in Königsheim). In der Ortsmitte kommen wir auf einen Weg, der mit dem gelben Dreieck markiert ist, und auf dem wir allmählich aus der Ortschaft in südlicher Richtung über einen Stationenweg den ‚Alten Berg' erklimmen. Hier oben steht die Josefs-Kapelle, die Anfang des 20. Jahrhunderts im ‚Beuroner Baustil' errichtet wurde (Bild oben). Hier haben wir in einem Naturschutzgebiet bei entsprechendem Wetter eine großartige Aussicht, die bei klarem Wetter bis zu dem Alpen reicht.

Wir wandern absteigend mit verschiedenen Richtungswechseln (dem gelben Dreieck bzw. der ‚Donauwelle' folgend) weiter. Dem kleinen Fahrweg von Böttingen nach Mahlstetten folgen wir ein Stück, biegen dann links ab und erreichen das Schäfertal, das wir abwärts weiter gehen. Wenig später sind wir an der Grauentalquelle (Bild Mitte), die lange Zeit der Wasserversorgung von Böttingen diente, und einem Rastplatz mit dem Schäferbrunnen. Hinter diesem biegen wir rechts ab und gelangen an einem kleinen Denkmal vorbei zum Allenspacher Hof (ein alter Schäferhof) mit einer über 500 Jahre alten Linde. Weiter geht es der gelben Raute entlang oberhalb des Schäfertals (Vorsicht bei Nässe!). Am ‚Glatten Fels' vorbei erreichen wir schöne Ausblicke auf das unter uns gelegene Lippachtal. Ab hier halten wir uns in nordöstlicher Richtung durch den Wald ‚Schönholz'. An einer Wegspinne halten wir uns halblinks und kommen bald an einem Waldrand zu einem schwer erkennbaren Abzweig nach rechts. Dort biegt auch ein Weg (gelbes Dreieck) in den Wald ab, über den wir den ‚Götzenaltar', ein Menhir aus vorchristlicher Zeit, erreichen können.

Wieder zurück wandern wir auf Wegspuren am Waldrand entlang und weiter hinauf bis zur Kreisstraße, die wir kreuzen. Wir gehen ein Richtung Bubsheim und biegen vorher rechts Richtung Ruine Granegg und Königsheim ab. Ein Abstecher zur Ruine (Bild unten) mit schönem Ausblick ins Tal der Unteren Bära ist sehr lohnend. Wir folgen der gelben Raute weiter Richtung Königsheim (hier ist später noch ein Abstecher zur Beilsteinhöhle interessant) und erreichen bald Königsheim, das Ende des 19. Jahrhunderts der Ausgangspunkt der Wasserversorgungsgruppe auf dem Heuberg war. Eine Einkehrmöglichkeit gibt es in Königsheim gegenüber dem Busbahnhof. Von dort kommen wir zurück nach Böttingen oder Spaichingen (Linie 230) bzw. Mühlheim (Linie 250).

Fahrpläne und Tickets

Angebote im Verkehrsverbund DING

Danke, Schwäbischer Albverein, dass du alle Touren so anlegst, dass Start und Ziel mit öffentlichen Verkehrsmitteln gut zu erreichen sind!

Den passenden Fahrplan gibt's am PC unter www.ding.eu oder per DING-App. Einfach nur Start und Ziel eingeben, Uhrzeit eingrenzen und schon werden die geeigneten Fahrtempfehlungen serviert. Start/Ziel können als Haltestelle, Adresse oder POI (z.B. „Blautopf") eingetippt werden Eine Karte als Orientierungshilfe ist immer dabei. Weil auch der Standort angezeigt werden kann, funktioniert die App wie ein Fußgänger-Navi.

Und das Ticket? In fast allen Fällen ist die DING-Tageskarte der Fahrschein der Wahl, und zwar in der Version „Gruppe": Bis zu 5 Personen sind im gesamten DING-Gebiet unterwegs – ein einfaches ungünstiges Angebot. Für Einzelreisende steht natürlich auch eine Tageskarte Single zur Verfügung. Alle diese Tickets gibt's beim Busfahrer am Automaten oder per HandyTicket. Und wer sich wirklich viel herumtreibt, der besorgt sich eine Dauerkarte, als Jahreskarte oder Ticket 65plus. Aktuelle Preise und Preisrechner unter www.ding.eu.

Interessantes zum Nachlesen:

[1] Jeremias Höslin; Beschreibung der wirtembergischen Alp; Tübingen 1798

[2] Hans Binder, Hans Dreher; Alles Leben lechzt nach Wasser - zur Geschichte der Albwasserversorgungsgruppe III; Blaubeurer heimatkundliche Lesebogen Heft 1; Fr. Mangold'sche Buchhandlung Blaubeuren (ca. 1960)

[3] Friedrich August Köhler; Eine Alb-Reise im Jahre 1790 von Tübingen nach Ulm; texte verlag tübingen 1979; ISBN 3-88213-009-1

[4] Winfried Müller; 125 Jahre Albwasserversorgung; Hinderer Verlag, Korntal 1995; ISBN 3-980 1639-3-8

[5] Josef Weinberg; Der Schultheiß von Justingen; Selbstverlag der VEDEWA; Stuttgart 1970

[6] Marc-Wilhelm Kohfink; Als das Wasser bergauf floss. Die Entstehung der Albwasserversorgung; Hartung-Gorre Verlag 1992; ISBN 978-3891915851

[7] Hans Günther Simon, Paul Schmitt, Ulrich Bischoff; Wasser: Quelle des Lebens - 125 Jahre Wasserversorgung Ostalb; Zweckverband Wasserversorgung Ostalb; Gerstetten 2005

[8] Wolfgang Hinz; Die Ulmer Alb – Entstehung und Entwicklung; Verlag Wolfgang Hinz; ISBN 3-923430-10-8

[9] EADIPS FGR European Association for Ductile Iron Pipe Systems/Fachgemeinschaft Guss-Rohrsysteme e. V.

[10] Erwin Walz; Wasser ist Leben – Die Sorge um das Wasser; https://www.gemeinde-koenigsheim.de/fileadmin/Dateien/Wasser_v.Chronik.pdf

[11] aus https://commons.wikimedia.org/wiki/File:G-Kuhn-Stuttgart-Berg.jpg (Stadtarchiv Stuttgart)

[12] Walter Knittel; „Da Capo!", Italienische Arbeitsmigration in Wilhelminischer Zeit am Beispiel von großen Bauprojekten an der Oberen Donau; ZHG 33 (1997)

[13] Alb-Donau-Kreis Tourismus; Wandertouren - Eiszeitpfade. Die bewegen!; Ausgabe 01/2017

Einige der hier genannten Bücher und Schriften sind nur noch antiquarisch verfügbar. Viel Glück beim Suchen und vor allem beim Finden.

Ein herzlicher Dank
für Unterstützung, viele zusätzliche Informationen und Anregungen zu dem Thema geht an:

Neue Pressegesellschaft mbH & Co. KG;
SÜDWEST PRESSE; Frauenstraße 77, 89073 Ulm

DING; Donau-Iller-Nahverkehrsverbund-GmbH;
Wilhelmstraße 22, 89073 Ulm

Schwäbischer Albverein e.V.;
Hospitalstraße 21b, 70174 Stuttgart

Thomas Kuhnert; Fachwart für Öffentlichkeitsarbeit
Schwäbischer Albverein Ulm/Neu-Ulm

Martin Pulvermüller (Wassermeister);
Zweckverband Wasserversorgung Ostalb

Dieter Schrade (Wassermeister a.D.) und Frau Schrade;
Pumpwerk Teuringshofen

Barbara Rüd; Ortsvorsteherin Blaubeuren-Seißen

Jutta Rapp; Ulm

und einige andere.